SECAGEM INDUSTRIAL

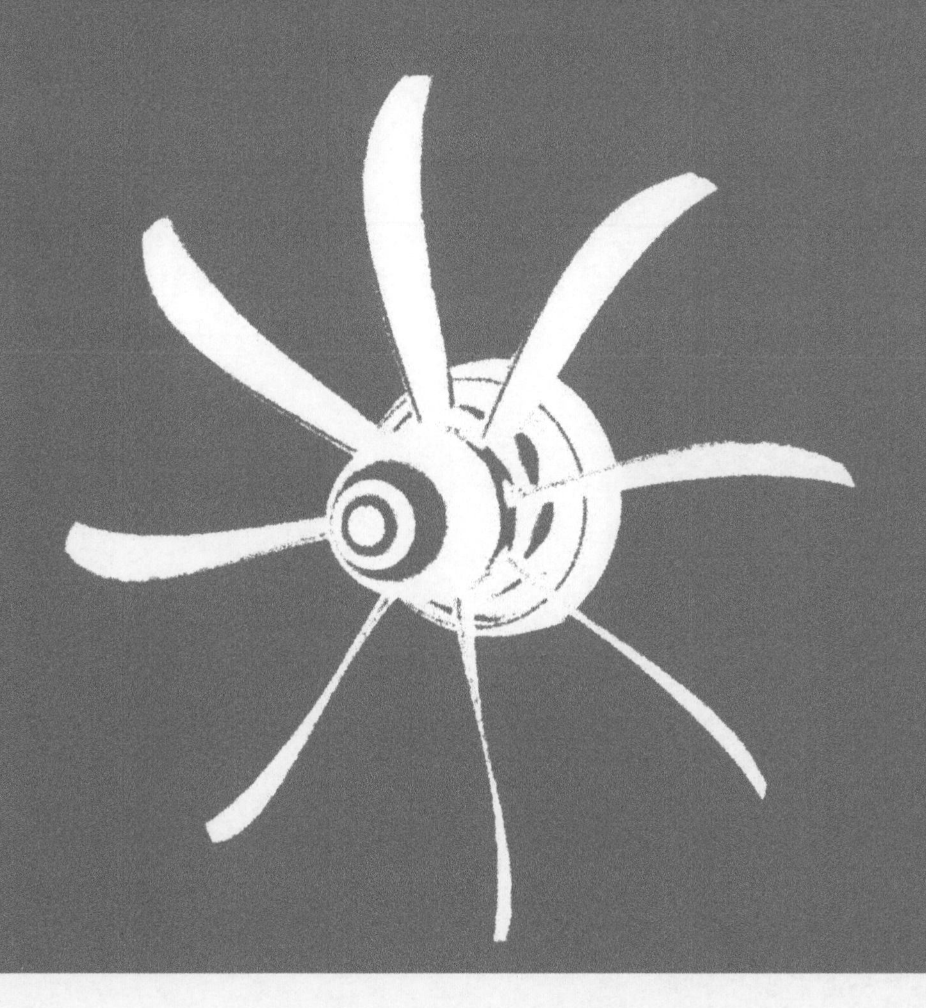

Blucher

ENNIO CRUZ DA COSTA

SECAGEM INDUSTRIAL

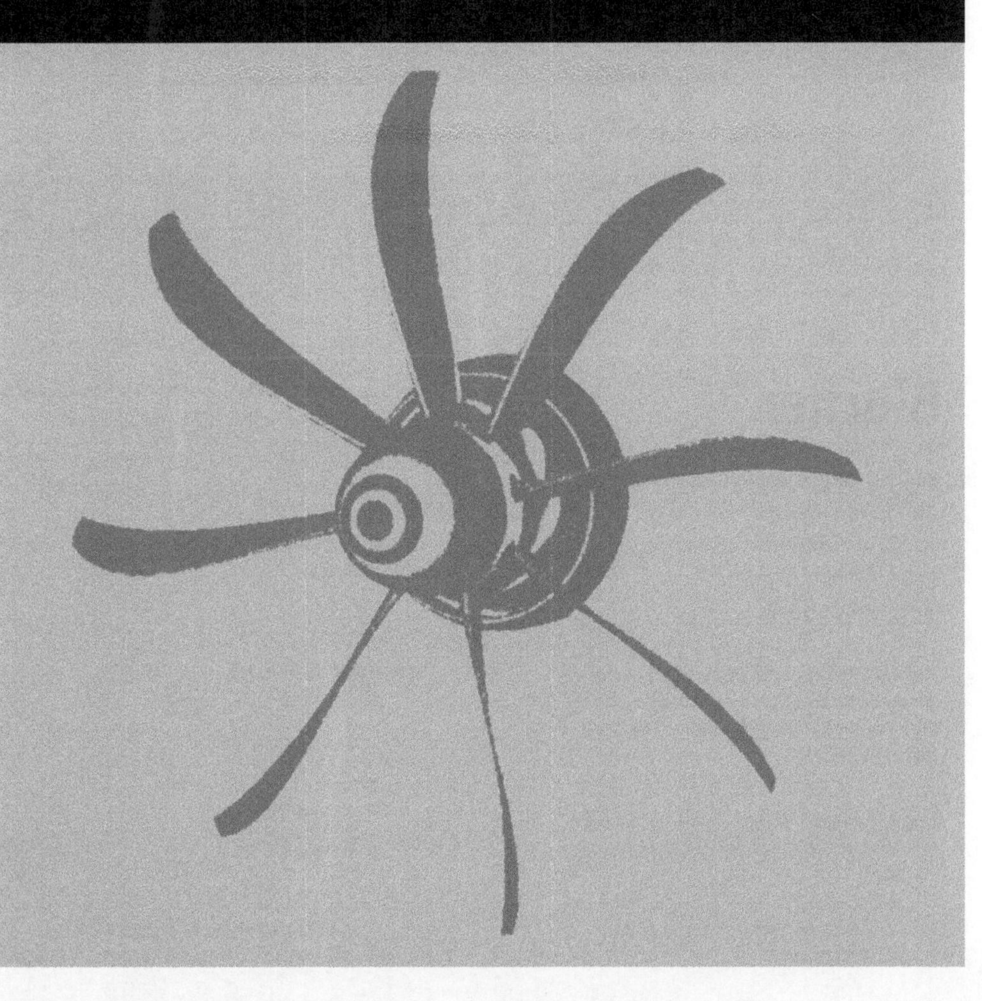

Secagem industrial

1ª edição – 2007

4ª reimpressão – 2020

Editora Edgard Blücher Ltda.

Blucher

Rua Pedroso Alvarenga, 1245, 4º andar
04531-934 – São Paulo – SP – Brasil
Tel.: 55 11 3078-5366
contato@blucher.com.br
www.blucher.com.br

Segundo Novo Acordo Ortográfico, conforme 5. ed. do *Vocabulário Ortográfico da Língua Portuguesa*, Academia Brasileira de Letras, março de 2009.

Dados Internacionais de Catalogação na Publicação (CIP)
(Câmara Brasileira do Livro, SP, Brasil)

Costa, Ennio Cruz da
Secagem industrial/Ennio Cruz da Costa – São Paulo: Blucher, 2007.

Bibliografia.
ISBN 978-85-212-0417-6

1. Secagem I. Título

07-5123 CDD-660.28426

Índices para catálogo sistemático:
1. Secagem industrial: Engenharia: Tecnologia 660.28426

PREFÁCIO

É com satisfação que lançamos esta obra que, cremos, será nossa última contribuição para a engenharia brasileira.

Ela vai fazer parte de um conjunto de obras de nossa autoria que já conta com outros 10 títulos:

Transmissão de Calor — Emma — 1967;
Calefação — Emma — 1968;
Termodinâmica, em 2 volumes — Globo — 1971 e 1973;
Mecânica dos Fluidos — Globo — 1973;
Conforto Térmico — Blücher — 1974;
Compressores — Blücher — 1978;
Refrigeração — Blücher — 1982;
Arquitetura Ecológica — Blücher — 1982;
Acústica Técnica — Blücher — 2003;
Ventilação — Blücher — 2005;
Secagem Industrial — Blücher — 2006.

Nesta última publicação, são analisadas as diversas técnicas de secagem, desde as mais simples até as mais sofisticadas, com dados práticos e exemplos elucidativos.

Como contribuição pessoal do autor, apresentamos uma solução inédita para a secagem de granulados (cereais), que é um verdadeiro "ovo de Colombo".

Trata-se realmente de um secador de baixíssimo custo, face à sua simplicidade e exíguas dimensões, alto rendimento pelo aproveitamento praticamente integral do ar de secagem, baixíssimo índice de quebra pelo fato de, no mesmo, o cereal escoar lentamente sem traumas, em movimento contracorrente em relação ao ar.

Cremos, com esta última contribuição, estar encerrando com chave de ouro nossas publicações técnicas na área de mecânica do calor, dos fluidos e do som.

O autor

CONTEÚDO

ÍNDICE DE TABELAS

ÍNDICE DE EXEMPLOS

SISTEMA DE UNIDADES

O sistema de unidades que tivemos em mente, ao desenvolvermos o formulário básico deste volume, foi o Sistema de Unidades Internacional S.I., do qual foram usadas as seguintes unidades fundamentais:

Comprimento — metro (m)
Tempo — segundo (s)
Massa — quilograma (kg)
Força — Newton (kgm/s^2, N)
Energia — Joule (N · m, J)
Potência — Watt (J/s · W)

juntamente com suas unidades derivadas, de velocidade (m/s), de aceleração (m/s^2), de pressão (N/m^2), etc.

Na realidade, todas as fórmulas deduzidas neste compêndio são dimensionalmente homogêneas, podendo portanto, ser usadas com qualquer sistema de unidades.

Entretanto, fórmulas empíricas que contêm constantes não adimensionais, assim como tabelas e diagramas que foram conservadas no seu aspecto original, só podem ser usadas com o sistema de unidades para o qual foram elaboradas.

Destes sistemas de unidades, o mais arraigado na técnica da engenharia é o sistema técnico M.K.f.S., cujas unidades fundamentais mais usadas são:

Comprimento — metro (m)
Tempo — segundo (s)
Força — quilograma-força (kgf)
Energia — quilograma-força metro (kgfm)
quilocaloria (kcal)
Potência — quilograma-força metro por segundo (kgfm/s)
cavalo-vapor (75 kgfm/s)

juntamente com suas unidades derivadas, de velocidade (m/s), de aceleração (m/s^2), de pressão (kgf/m^2), etc.

As únicas divergências deste sistema em relação ao Sistema de Unidades Internacional S.I. é a adoção da unidade de força vinculada ao peso e, portanto, à atração da gravidade e da unidade de energia calorífica vinculada ao aquecimento da água.

Daí surgem dois fatores de transformação que identificam todas as unidades destes sistemas:

A aceleração da gravidade normal

$$g = 9{,}80665\ m/s^2$$

O equivalente calorífico do trabalho mecânico

$$A = 426{,}935\ kgfm/kcal = 4.186{,}8\ J/kcal$$

Assim baseados nas relações entre grandezas definidas pela física:

Força = Massa · aceleração
Trabalho = Força · deslocamento
Potência = Trabalho/tempo

podemos estabelecer a correlação entre todas as unidades dos 2 sistemas apresentados:

$kgf = kg \cdot g = kg \times 9{,}80665\ m/s^2 = 9{,}80665\ N$
$kgfm = 9{,}80665\ Nm = 9{,}80665\ J$
$kgf/s = 9{,}80665\ Nm/s = 9{,}80665\ J/s = 9{,}80665\ W$
$cv = 75\ kgfm/s = 75 \times 9{,}80665\ Nm/s = 735{,}5\ W = 0{,}7335\ kW$
$kcal = 426{,}935\ kgfm = 426{,}935 \times 9{,}80665\ Nm = 4.186{,}8\ J$
$kcal/h = 4.186{,}8\ J/h = 1{,}163\ J/s = 1{,}163\ W$
$W = 0{,}86\ kcal/h$
$kW = 860\ kcal/h$

Como a unidade de massa do sistema de unidades M.K.f.S. é a unidade técnica de massa (u.t.m. = 0,102 kg), unidade pouco usada, é preferível nas aplicações com unidades deste sistema, em que aparece a massa, substituí-la pela relação entre o peso ou a força e a aceleração da gravidade.

Assim, substituiremos a massa por $M = G/g$
e a massa específica por $\rho = M/V = \gamma/g$

Nas operações com ar úmido e psicometria de uma maneira geral, é usual ainda a unidade de pressão em coluna de mercúrio (mm Hg) que, por coerência com a tecnologia vigente nesta área, ainda aparece neste volume:

$$mm\ Hg = 13{,}595\ mm\ H_2O = 13{,}595\ kgf/m^2 = 133{,}3\ N/m^2$$

de modo que a pressão atmosférica normal seria:

$$p_0 = 760\ mm\ Hg = 10.332{,}3\ mm\ H_2O = 10.332{,}3\ kgf/m^2 = 101.324{,}3\ N/m^2.$$

SÍMBOLOS ADOTADOS

- A - Equivalente calorífico do trabalho mecânico
- C - Concentração
- C_{MU} - Calor específico do material úmido
- C_{MS} - Calor específico do material seco
- C_V - Calor específico a volume constante, calor específico do vapor d'água
- Cp - Calor específico à pressão constante
- Cp_m - Calor específico à pressão constante médio
- Cp_v - Calor específico à pressão constante do vapor d'água
- D - Diâmetro, difusão
- De - Diâmetro equivalente
- Dh - Diâmetro hidráulico
- E - Empuxo
- F - Força
- G - Peso, descarga em peso
- H - Altura, Entalpia
- Hs - Entalpia sensível
- H_L - Entalpia latente
- J - Perda de carga no escoamento do ar
- K - Coeficiente geral da transmissão de calor, constante
- L - Lado, comprimento
- M - Massa, descarga de massa
- M_{ar} - Descarga de massa de ar
- M_{MS} - Descarga de massa de material seco
- M_{MU} - Descarga de massa de material úmido
- M_V - Descarga de massa de vapor d'água
- Ms - Descarga de massa de Sílica gel
- N - Número, número de rotações por minuto RPM
- Pm - Potência mecânica
- Q - Quantidade de calor, calor liberado por hora, carga térmica
- Q_L - Calor latente
- Qs - Calor sensível
- Qev - Quantidade de calor de evaporação
- Qaq - Quantidade de calor de aquecimento
- Qfase - Quantidade de calor trocado numa fase dada
- R - Constante dos gases, raio
- Rt - Resistência térmica
- S - Superfície
- T - Temperatura absoluta em K
- T_0 - Temperatura absoluta correspondente a 0°C
- V - Volume, vazão
- Vs - Vazão em m^3/s
- Wa - Atividade de água
- c - Velocidade, velocidade equivalente a uma pressão total (salto de velocidade)
- c_{ar} - Velocidade do ar
- d - Dimensão de uma partícula
- e - Base dos logaritmos Neperianos
- g - Aceleração da gravidade (9,80665 m/s^2)

g - Componentes gravimétricos do ar
h - Dimensão, altura
i - Perda de carga por unidade de comprimento de uma canalização
k - Coeficiente de transmissão de calor por condutividade interna
k - Coeficiente de POISSON dos gases
l - Comprimento, espessura
m - Massa molecular
n - Índice de renovação do ar, índice politrópico de uma transformação
p - Pressão
p_0 - Pressão correspondente à temperatura de 0°C
p_v - Pressão parcial do vapor d'água no ar
p_s - Pressão de saturação do vapor d'água
p_c - Pressão crítica
r - Calor latente de vaporização d'água
r_0 - Calor latente de vaporização d'água a 0°C
r_a - Calor latente de vaporização d'água à temperatura ambiente t_a
r_u - Calor latente de vaporização d'água à temperatura do termômetro úmido t_u
t - Temperatura em °C
te - Temperatura de entrada
ts - Temperatura de saída
t_0 - Temperatura de 0°C
t_a - Temperatura ambiente
t_u - Temperatura do bulbo úmido
t_m - Temperatura média aritmética
t_{ln} - Temperatura média logarítmica
v - Volume específico
Δt - Diferença de temperatura
Δp - Diferença de pressão
Δpt - Diferença de pressão total
Ω - Seção
Σ - Somatório
$\Sigma\lambda$ - Somatório dos coeficientes de atrito de vários acessórios
α - Coeficiente de transmissão de calor por condutividade externa
α_c - Coeficiente de transmissão de calor por convecção
α_i - Coeficiente de transmissão de calor por irradiação
γ - Peso específico
δ - Densidade
φ - Umidade relativa
ϕ - Grau higrométrico
η - Rendimento
η_a - Rendimento adiabático
η_h - Rendimento hidráulico
η_m - Rendimento mecânico
η_t - Rendimento total
λ - Coeficiente de atrito
λ_a - Coeficiente de atrito de um acessório
λ_c - Coeficiente de atrito do conduto
π - Pi (3,1416)
θ - Componente volumétrico do ar
ρ - Massa específica
ξ - Coeficiente de evaporação

CAPÍTULO 1

GENERALIDADES

1.1 - DEFINIÇÃO

A secagem industrial é a operação, pela qual é retirada a umidade contida nos diversos materiais.

Em muitos casos no processo de secagem, dependendo da temperatura do processo, são arrastados junto com a umidade, vapores diversos.

A secagem é uma das operações industriais mais usadas na prática, tanto para o acabamento final ou equilíbrio da umidade própria dos diversos materiais processados com o ar ambiente, como é o caso das madeiras e de seus derivados, das borrachas, dos couros, dos plásticos, da celulose e seus derivados, etc., como para a sua melhor conservação, como é o caso dos cereais, dos alimentos e dos materiais perecíveis de uma maneira geral.

1.2 - SECAGEM MECÂNICA

Quando se trata de materiais sólidos que não se dissolvem na água, problema bastante comum na atividade industrial, uma secagem preliminar pode ser feita por meios mecânicos, como a prensagem, a gravidade, a torção ou a centrifugação.

Entretanto, a umidade residual deixada por meio destes processos é bastante elevada.

Assim, relacionando a umidade residual citada com o peso de material seco, podemos estabelecer os valores que constam na Tabela 1.1, para cada um destes processos de secagem.

TABELA 1.1

Processo Mecânico de Secagem	Umidade Residual
Prensagem	80 – 120%
Gravidade (peneiras)	50 – 70%
Torção	50 – 60%
Centrifugação	30 – 35%

1.3 – SECAGEM POR DIFUSÃO

Para uma secagem mais completa da maior parte dos materiais, aproveita-se o fenômeno da difusão do vapor dágua no ar.

A transferência da umidade dos diversos materiais, na forma de vapor dágua para o ar exterior, depende de vários fatores:

a Pressão do vapor d'água no material $p_{v\ \mathrm{material}}$, o qual depende da temperatura do mesmo (p_s) e de sua atividade de água $W_a = p_{v\ \mathrm{material}}/p_s$;

b Pressão atmosférica do ar envolvente p;

c Pressão parcial do vapor d'água no ar p_v;

d Superfície de contato do material com o ar envolvente S;

e Coeficiente de aproveitamento da evaporação, que diz respeito à velocidade com que a umidade é disponibilizada para a evaporação na superfície do material.

Baseados nestas dependências é que poderão ser analisados os diversos tipos de secagem por difusão do vapor d'água no ar e, principalmente, o desenvolvimento de técnicas visando a sua intensificação e redução do consumo de energia, tanto mecânica como calorífica, que eventualmente intervenham no processo.

De qualquer maneira, o processo de difusão do vapor d'água no ar depende da diferença das pressões de vapor entre o material a secar e o ar, o que envolve a evaporação da água da superfície molhada e, portanto, necessariamente uma troca térmica de calor sensível por calor latente.

Esta troca térmica material úmido–ar nos limites do sistema pode ser considerada como adiabática, mas é sem dúvida um processo de transferência e deve ser considerado como tal, para obter-se os melhores resultados da operação.

Assim, aspectos, como fator de contato, diferenças médias de temperatura ou de pressões de vapor, devem ser cuidadosamente observados.

É o que acontece, como veremos, nos secadores do tipo contínuo, onde o material úmido que entra no secador, às vezes, não deve ser colocado inicialmente em contato com o ar à temperatura muito elevada (cereais), ao mesmo tempo em que as variações de temperatura, tanto do ar que esfria como do material úmido que aquece, aconselham a disposição contracorrente de seus fluxos.

Neste compêndio, ater-nos-emos principalmente à secagem por difusão do vapor dágua no ar, analisando os tipos de secadores mais usados atualmente, assim como o cálculo e a maneira mais racional de obter-se o melhor rendimento dos mesmos.

Para tal, é imprescindível o conhecimento perfeito tanto das características do ar úmido, como da difusão do vapor d'água no mesmo, razão pela qual estudaremos estes tópicos no capítulo que segue.

CAPÍTULO 2

AR ÚMIDO

2.1 – GENERALIDADES

O ar atmosférico contém sempre uma certa quantidade de vapor dágua, o qual, quando a atmosfera está límpida, se encontra no estado de vapor superaquecido.

Enquanto a mistura vapor–ar não se torna saturada, com formação de nuvens ou neblina, podemos considerá-la como uma mistura gasosa, obedecendo às leis já estabelecidas para estas.

Assim designa-se por pressão parcial dos componentes da mistura, a pressão que cada componente exerceria, caso ocupasse, nas mesmas condições de temperatura, o volume total da mistura.

A pressão total da mistura seria naturalmente a soma das pressões parciais de seus componentes.

Para o ar atmosférico, ao nível do mar, o valor médio de sua pressão, dita pressão atmosférica normal, vale:

$$760 \text{ mm Hg} = 10.332 \text{ mm } H_2O = 101.322 \text{ N/m}^2 = 1{,}0332 \text{ kgf/cm}^2$$

De acordo com as condições meteorológicas, este valor pode variar até ± 5%.

Ao nos elevarmos acima do nível do mar, a pressão atmosférica diminui de acordo com a expressão de LAPLACE:

$$\log \text{ p mm } H_2O = \log p_0 - \frac{\text{H km}}{18{,}4 + 0{,}067\, t_m} \qquad 2.1$$

onde t_m é a temperatura média da região compreendida entre o nível do mar e a altitude H dada em km.

A pressão parcial p_v do vapor dágua contido no ar pode no máximo atingir o valor de p_s, pressão de saturação do vapor dágua correspondente à temperatura da mistura:

$$p_s = f(t)$$

Assim, podemos considerar a pressão parcial do vapor dágua contido no ar p_v, a uma determinada temperatura, como uma parcela φ da pressão parcial máxima admissível para o mesmo, na temperatura considerada.

A pressão p_s do vapor dágua saturado nos é dada pela Tabela 2.1 em função de sua temperatura.

TABELA 2.1 — PRESSÃO DE SATURAÇÃO DO VAPOR D'ÁGUA EM FUNÇÃO DA TEMPERATURA

Temperatura	p_s mm Hg	p_s mm H_2O	p_s N/m^2
–10°C	1,946	26,46	259,48
–8°C	2,321	31,56	309,50
–6°C	2,761	37,54	368,14
–4°C	3,276	44,64	437,77
–2°C	3,879	52,74	517,20
0°C	4,579	62,26	610,56
2°C	5,290	71,98	705,88
4°C	6,100	82,95	813,46
6°C	7,010	95,35	935,06
8°C	8,050	109,38	1.072,65
10°C	9,210	125,20	1.227,79
12°C	10,520	143,01	1.402,45
14°C	11,990	162,97	1.598,19
16°C	13,630	185,37	1.817,86
18°C	15,480	210,42	2.063,52
20°C	17,540	238,40	2.337,91
22°C	19,830	269,56	2.643,48
24°C	22,380	304,23	2.983,48
26°C	25,210	342,74	3.361,13
28°C	28,350	385,43	3.779,78
30°C	31,820	432,67	4.243,04
32°C	35,660	484,87	4.754,95
34°C	39,900	542,45	5.319,62
36°C	44,560	605,87	5.941,56
38°C	49,690	675,60	6.625,37
40°C	55,320	752,18	7.376,37

A partir da equação de CLAPEYRON-CLAUSIUS (ECC – Termodinâmica I Parte), que relaciona as principais características de um vapor saturado seco, considerado como um gás perfeito, podemos chegar à expressão abaixo, que nos permite calcular analiticamente a pressão de saturação p_s:

$$\log p_s = 9{,}1466 - \frac{2.316}{T}\ \text{mm Hg} = 10{,}28 - \frac{2.316}{T}\ \text{mm } H_2O \qquad 2.2$$

A pressão parcial do vapor dágua p_v na mistura, por sua vez, pode ser determinada experimentalmente por meio de psicrômetro de AUGUSTO, cujo funcionamento se baseia no fenômeno, pelo qual a evaporação da água em presença do ar é tanto mais intensa quanto mais afastado da pressão de saturação se encontra o ar contido no mesmo.

O psicrômetro é constituído de dois termômetros de coluna de mercúrio idênticos, um dos quais tem o depósito de Hg envolvido com tecido de seda de malha larga, permanentemente molhada (Figura 2.1).

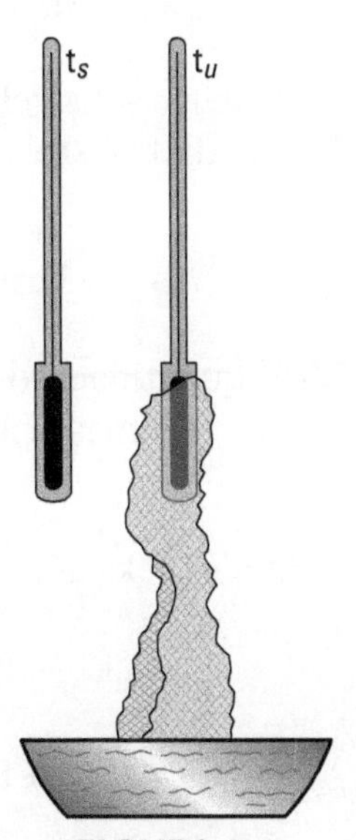

FIGURA 2.1

Na evaporação da água, que se verifica no tecido que envolve o termômetro úmido, é consumida uma certa quantidade de calor latente que, subtraída do ar ambiente adjacente, provoca o abaixamento de sua temperatura (saturação adiabática do ar).

Em vista disto, a temperatura do termômetro úmido t_u (T.T.U.) é inferior à temperatura do termômetro seco t_s (T.T.S.).

A análise matemática do fenômeno é feita estabelecendo-se a igualdade entre o calor latente absorvido do meio pela evaporação e o calor sensível cedido pelo mesmo.

Assim, a massa de água evaporada M_v na unidade de tempo (g/h) nos é dada pela lei de DALTON da evaporação, a qual para a pressão atmosférica normal (760 mm Hg) tem a expressão (para maiores detalhes veja o item 2.7):

$$M_v \text{ g/h} = \text{K S } (p_{stu} - p_v) \quad 2.3$$

Ou ainda para uma pressão qualquer:

$$M_v \text{ g/h} = \text{K S } (p_{stu} - p_v) \frac{p_0}{p} \quad 2.4$$

Onde K é um coeficiente de proporcionalidade que, para a pressão atmosférica normal de 760 mm Hg, pode ser calculado em função da velocidade do ar.

Assim, para velocidades c m/s, compreendidas entre 1 e 7,5 m/s, é aceitável a expressão:

$$\text{K} = ac^n = a + bc = 22{,}9 + 17{,}4c \text{ g/m}^2 \text{ mm Hg} \quad 2.5$$

Por outro lado, a quantidade de calor sensível cedida pelo meio ao termômetro, nos é dada pela lei de NEWTON da transmissão de calor por condutividade externa:

$$Q_S = \alpha \text{ S } (t_s - t_u) \text{ kcal/h}$$

De modo que, lembrando ser a quantidade de calor latente correspondente à água evaporada igual ao produto de sua massa M_v pelo calor latente de vaporização r:

$$Q_L = M_v r \text{ kcal/h}$$

Podemos escrever:

$$Q_L = \text{K } r \text{ S } \frac{p_0}{p} (p_{stu} - p_v) = Q_S = \alpha \text{ S } (t_s - t_u) \text{ kcal/h}$$

Isto é:

$$p_{stu} - p_v = \frac{\alpha p}{r \text{ K} p_0} (t_s - t_u) = \text{A} \frac{p}{p_0} (t_s - t_u) \text{ mm Hg} \quad 2.6$$

Onde:

$$\text{A} = \frac{\alpha}{r \text{ K}} =\sim \left(780{,}4 + \frac{181{,}7}{c^{1/2}} + \frac{63{,}2}{c} \right) 10^{-3} \text{ mm Hg/°C} \quad 2.7$$

De modo que podemos calcular a pressão parcial do vapor dágua p_v por meio das temperaturas lidas no psicrômetro de AUGUSTO:

$$p_v = p_{stu} - A\frac{p}{p_0}(t_s - t_u) \text{ mm Hg} \quad 2.8$$

Como, entretanto, os valores de α, K, r são variáveis, a determinação aludida fica bastante difícil.

Para contornar esta dificuldade, as leituras do psicrômetro devem ser feitas no caso limite em que a saturação adiabática do ar é atingida, o que se consegue mantendo o bulbo úmido bem ventilado, de modo que a relação α/rK se torne praticamente constante.

Como esclarecimento adicional, relacionamos na Tabela 2.2, os valores de K e A para várias velocidades de deslocamento do ar junto ao bulbo úmido:

TABELA 2.2 — VALORES DE K E A NA SATURAÇÃO ADIABÁTICA DO AR

Velocidade do ar	Kg/m^2 h mm Hg	A mm Hg/°C
1 m/s	40,3	0,592
2 m/s	57,7	0,543
3 m/s	75,1	0,524
4 m/s	92,5	0,512
5 m/s	109,9	0,505
6 m/s	127,3	0,500

Os valores anteriores confirmam a expressão empírica devida a SPRING, válida para temperaturas de 0 a 50°C:

$$p_v = p_{stu} - \frac{p}{755}\left(\frac{t_s - t_u}{2}\right) \text{mm Hg} \quad 2.9$$

a qual se identifica com aquela teoricamente analisada antes para a velocidade de 5,4 m/s, onde A assume o valor de 0,503 mm Hg/°C.

A relação entre a pressão parcial do vapor d'água no ar p_v e a pressão de saturação correspondente à temperatura do termômetro seco p_s toma o nome de umidade relativa do ar:

$$\varphi = \frac{p_v}{p_s} \quad 2.10$$

A umidade relativa do ar φ nos é dada para a pressão atmosférica normal, pela Tabela 2.3, em função das leituras do psicrômetro:

$$\varphi = f(t_s, t_s - t_u)$$

TABELA 2.3 — UMIDADE RELATIVA DO AR EM FUNÇÃO DAS TEMPERATURAS DO TERMÔMETRO SECO E DO TERMÔMETRO ÚMIDO

t_s \ t_s-t_u	0°C	1°C	2°C	3°C	4°C	5°C	6°C	7°C	8°C	9°C	10°C	11°C	12°C
35°C	100	94	87	81	75	69	64	59	54	49	44	40	36
34°C	100	94	87	81	75	69	63	58	53	48	43	39	35
33°C	100	94	87	81	74	68	63	57	52	47	42	38	33
32°C	100	93	86	80	74	68	62	57	51	46	42	37	32
31°C	100	93	86	80	73	67	61	56	50	45	40	35	31
30°C	100	93	86	79	73	67	61	55	50	44	39	34	30
29°C	100	93	86	79	72	66	60	55	49	43	38	33	28
28°C	100	93	85	78	72	65	59	53	48	42	37	32	27
27°C	100	93	85	78	71	65	59	52	47	41	36	30	25
26°C	100	92	85	78	71	64	58	51	45	40	34	29	24
25°C	100	92	85	77	70	64	57	50	44	39	33	27	22
24°C	100	92	84	77	70	63	56	49	43	37	31	26	20
23°C	100	92	84	76	69	62	55	48	42	36	30	24	18
22°C	100	91	83	76	68	61	53	47	40	34	28	22	16
21°C	100	91	83	75	67	60	52	46	39	32	26	20	14
20°C	100	91	82	75	66	59	51	44	37	30	24	18	11
19°C	100	91	82	74	66	58	50	43	35	28	22	15	9
18°C	100	91	82	73	65	56	49	41	33	26	20	13	6
17°C	100	90	81	72	64	55	47	39	32	24	17	10	3
16°C	100	90	81	71	63	54	45	37	30	22	15	7	1
15°C	100	90	80	70	61	52	43	35	27	20	12	5	
14°C	100	90	80	70	60	51	42	34	25	17	9	2	
13°C	100	89	79	69	59	50	40	31	22	14	6		
12°C	100	89	78	68	57	48	38	29	20	11	3		
11°C	100	88	76	66	56	46	36	27	17	8			
10°C	100	88	76	65	55	44	34	24	14	5			

EXEMPLO 2.1

Qual a umidade relativa do ar ambiente à pressão atmosférica normal de 760 mm Hg, cujas indicações no psicrômetro de AUGUSTO acusam:

$$t_s = 30°C$$

$$t_u = 20°C$$

A Tabela 2.1 nos fornece:

$$p_{s30*C} = 31{,}82 \text{ mm Hg}$$

$$p_{s20*C} = 17{,}54 \text{ mm Hg}$$

Valores que também podem ser obtidos, com o auxílio da equação 2.2.

De modo que a fórmula de SPRING nos permite calcular:

$$p_v = 17{,}54 - \frac{760}{755}\left(\frac{30-20}{2}\right) = 12{,}5 \text{ mm Hg}$$

$$\varphi = \frac{p_v}{p_s} = \frac{12{,}5}{31{,}82} = 0{,}393 \text{ (39,3\%)}$$

Valor igual ao dado pela tabela (em números inteiros) 2.3 que é 39%.

2.2 – UMIDADE ABSOLUTA E UMIDADE RELATIVA

Toma o nome de umidade absoluta do ar úmido a massa de vapor dágua M_v por unidade de volume V da mistura:

$$\rho_v = \frac{M_v}{V} \text{ kg/m}^3$$

A quantidade de vapor d'água que pode conter o ar não é ilimitada, pois depende da pressão de saturação do vapor, a qual, conforme vimos, é uma função da temperatura da mistura.

Quando o ar contém a quantidade máxima de vapor compatível com a sua temperatura, dizemos que o mesmo está saturado.

No ar saturado de umidade, a pressão parcial do vapor atinge a pressão de saturação e o vapor se encontrará no estado de vapor saturado seco.

Qualquer nova quantidade de umidade, adicionada ao ar saturado, aparecerá na forma líquida, o que constitui as nuvens, a neblina ou a própria chuva.

A umidade absoluta do ar saturado será a massa de vapor dágua M_s correspondente à saturação do mesmo por unidade de volume V da mistura:

$$\rho_s = \frac{M_s}{V} \text{ kg/m}^3$$

A relação entre a massa de vapor d'água contido na unidade de volume da mistura e a massa de vapor d'água, que o mesmo conteria caso estivesse saturado, toma o nome de umidade relativa do ar.

Conforme veremos a seguir, a umidade relativa do ar é igual à relação φ entre as pressões parciais do vapor p_v e p_s:

$$\varphi = \frac{\rho_v}{\rho_s} = \frac{p_v}{p_s} \qquad 2.11$$

2.3 – CONTEÚDO DE UMIDADE E GRAU HIGROMÉTRICO

Nos problemas que surgem na prática, a respeito do ar úmido, as suas características, como sejam os volumes dos componentes, a quantidade de água na mistura, a umidade absoluta e a umidade relativa variam, permanecendo constante apenas a massa de ar seco.

Daí, a vantagem de referir as suas principais características à massa de ar seco.

Assim, toma o nome de conteúdo de umidade ou umidade específica do ar úmido x a massa de vapor dágua M_v, contida na mistura por kg de ar seco, isto é, de acordo com as notações propostas:

$$x = \frac{M_v}{M_{ar}} \qquad 2.12$$

Para o ar saturado de umidade, o conteúdo de umidade atinge seu valor máximo x_s, tal que:

$$x_s = \frac{M_s}{M_{ar}} \qquad 2.13$$

A relação entre o conteúdo de umidade do ar úmido x e o conteúdo de umidade do ar saturado x_s, à mesma temperatura, toma o nome de grau higrométrico ou grau de saturação ϕ, o qual, conforme veremos, pode ser confundido com a umidade relativa φ:

$$\phi = \frac{x}{x_s} \qquad 2.14$$

2.4 – O AR ÚMIDO CONSIDERADO COMO UMA MISTURA DE GASES

Podemos considerar para uma mistura de gases as seguintes assertivas:

a Em uma mistura de gases, desde que não haja afinidade química entre seus componentes, cada gás segue a própria equação de estado físico.

b A pressão total de uma mistura de gases é igual à soma das pressões parciais de seus componentes, entendendo-se por pressões parciais aquelas que se estabeleceriam, caso isolássemos cada um dos componentes, no volume e temperatura iguais aos da mistura (lei de DALTON).

c Em uma mistura de gases, a soma tanto das massas como dos volumes de seus componentes é igual respectivamente à massa e ao volume da mistura.

Assim, considerando o ar úmido como uma mistura de gases, onde tanto para o ar de massa M_{ar} = 1 kg, como para o vapor d'água de massa x kg contido no volume V, seja válida a equação geral dos gases pV = MRT, podemos relacionar as seguintes situações:

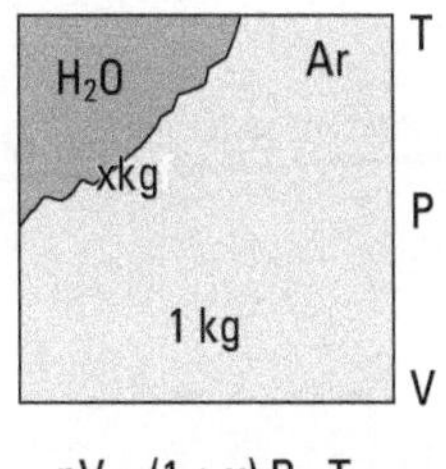

$pV = (1 + x)\, R_m\, T$

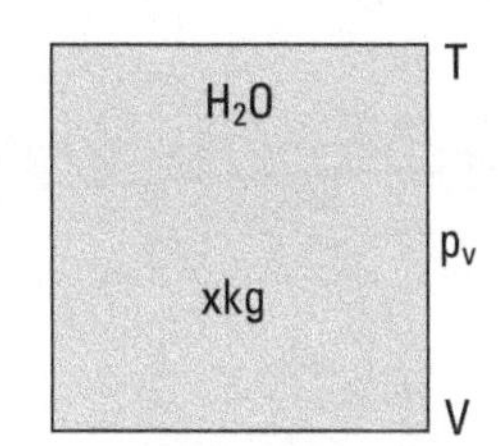

$p_v V = x\, R_v\, T$

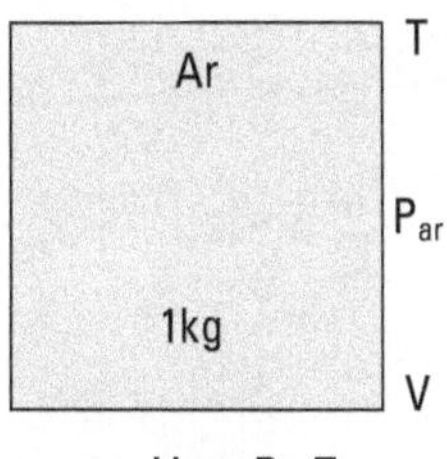

$p_{ar} V = x\, R_{ar}\, T$

FIGURA 2.2

Onde sendo:

$$R_m = \frac{1\ \text{kg} \cdot R_{ar} + x\ \text{kg}\, R_v}{(1+x)\ \text{kg}}$$

Podemos calcular, para as condições atmosféricas normais:

$$T = 273\ \text{K}$$

$$p = 760\ \text{mm Hg}$$

$$\rho_v = x/V = 18\ \text{kg}/22{,}4\ \text{m}^3 = 0{,}8036\ \text{kg/m}^3$$

$$\rho_{ar} = 1/V = M_{ar}/V = 1{,}293\ \text{kg/m}^3$$

$$R_v = \frac{pV}{xT} = \frac{760}{0{,}8036 \times 273} = 3{,}461\ \text{m}^3\ \text{mmHg/kg K}$$

$$R_{ar} = \frac{pV}{T} = \frac{760}{1,293 \times 273} = 2,153 \text{ m}^3 \text{ mmHg/kg K}$$

$$R_m = \frac{3,461x + 2,153}{1 + x}$$

Donde podemos facilmente tirar o valor das pressões parciais:

$$\begin{aligned} p_v V &= 3,461x\ T \\ p_{ar} V &= 2,153\ T \\ pV &= (2,153 + 3,461x)T \end{aligned} \qquad 2.15$$

Expressões que nos permitem chegar às seguintes conclusões:

a) A umidade relativa do ar é igual à relação entre a pressão parcial do vapor d'água p_v e a pressão de saturação p_s correspondente à temperatura da mistura.

Com efeito, de acordo com o anterior:

$$p_v = 3,461 \frac{x}{V} T = 3,461\ \rho_v\ T$$

E igualmente para a mistura de 1 kg de ar seco saturado à mesma temperatura, na qual o volume aumenta para V':

$$p_s = 3,461 \frac{x_s}{V'} T = 3,461\ \rho_s\ T$$

Donde:

$$\varphi = \frac{\rho_v}{\rho_s} = \frac{p_v}{p_s}$$

b) A umidade relativa do ar úmido φ é praticamente igual ao grau higrométrico ϕ.

Com efeito, de acordo com as equações 2.15, podemos fazer:

$$\frac{p_v}{p_{ar}} = \frac{p_v}{p - p_v} = \frac{3,461x}{2,153} = \frac{x}{0,622}$$

Isto é:

$$x = 0,622 \frac{p_v}{p - p_v} \quad \text{ou} \quad p_v = \frac{xp}{x + 0,622} \qquad 2.16$$

ou ainda, para um ar saturado de umidade, a mesma pressão e temperatura:

$$x_s = 0,622 \frac{p_s}{p - p_s} \quad \text{ou} \quad p_s = \frac{x_s p}{x_s + 0,622} \qquad 2.17$$

De modo que o grau higrométrico nos será dado por:

$$\phi = \frac{x}{x_s} = \frac{p-p_s}{p-p_v}\frac{p_v}{P_S} = \frac{p-ps}{p-\varphi p_s}\frac{p_v}{p_s} = n\varphi$$

Realmente, os valores de p_s para as temperaturas ambientes são inferiores a 40 mm Hg, o que acarretaria para as umidades relativas normais erros bem inferiores a 3%.

As equações 2.15 nos permitem calcular também as massas específicas dos componentes do ar úmido:

$$\rho_m = \frac{1+x}{V} = \frac{1+x}{2{,}153+3{,}461x}\frac{p}{T}$$

$$\rho_v = \frac{x}{V} = 3{,}461\frac{p_v}{T} \qquad 2.18$$

$$\rho_{ar} = \frac{1}{V} = 2{,}153\frac{p_{ar}}{T}$$

A primeira expressão acima nos mostra que a massa específica (densidade) da mistura diminui com a umidade x, o que confirma a contribuição do calor latente do ar úmido no fenômeno de termossifão ocasionado pelo calor sensível.

EXEMPLO 2.2

O ar ambiente à pressão de 760 mm Hg assinala, no psicrômetro, as seguintes leituras:

$$t_s = 25°C$$
$$t_u = 17°C$$

Calcular o seu conteúdo de umidade x e a sua massa específica.

A equação 2.2, nos fornece:

$$\log p_{s25*C} = 9{,}1466 - \frac{2.316}{298} = 1{,}374 \quad \text{isto é} \quad p_{s25*C} = 23{,}77 \text{ mm Hg}$$

$$\log p_{s17*C} = 9{,}1466 - \frac{2.316}{290} = 1{,}164 \quad \text{isto é} \quad p_{s17*C} = 14{,}58 \text{ mm Hg}$$

Valores que pouco diferem daqueles dados pela Tabela 2.1.

A equação 2.9 devida a SPRING, por sua vez, nos permite calcular:

$$p_v = p_{s17*C} - \frac{p}{755}\left(\frac{t_s - t_u)}{2}\right) = 14{,}58 - \frac{760}{755}\frac{8}{2} = 10{,}55 \text{ mm Hg}$$

Donde a umidade relativa:

$$\varphi = \frac{p_v}{p_s} = \frac{10,55}{23,77} = 0,444$$

Valor em números inteiros, igual ao da Tabela 2.3

Por outro lado, baseado no anterior, o conteúdo de umidade nos é dado pela equação 2.16:

$$x = 0,622 \frac{p_v}{p - p_v} = 0,622 \frac{19,55}{760 - 10,55} = 0,000857 \text{ kg/kg ar seco}$$

enquanto a massa específica do ar úmido, de acordo com a equação 2.18, seria com exatidão correspondente à sua umidade:

$$\rho = \frac{1 + x}{2,153 + 3,416x} \frac{p}{T} = \frac{1,000875 \times 760}{(2,153 + 0,00303)298} = 1,184 \text{ kg/m}^3$$

2.5 – ENTALPIA DO AR ÚMIDO

Aplicando ao ar úmido o conceito de Entalpia, podemos definir a Entalpia específica aparente ou simplesmente o conteúdo total de calor do ar úmido à temperatura t°C como:

> "A quantidade de calor que necessitamos fornecer a 1 kg de ar seco e x kg de vapor d'água a ele misturado, para elevar à pressão atmosférica normal, o primeiro da temperatura de 0°C para t°C e passar o segundo do estado líquido a 0°C para o estado de vapor à temperatura de t°C e pressão p_v."

A entalpia específica aparente, portanto, é a entalpia do ar úmido referida ao kg de ar seco e tem por expressão:

$$H = C_{\text{par}} t + (r + C_{pv} t) x \text{ kcal/kg ar seco}$$

Segundo MOLLIER, dentro dos limites de temperatura que interessam no caso (0°C a 100°C), podemos fazer:

$$C_{\text{par}} = 0,24 \text{ kcal/kg°C}$$

$$\text{r}_0 \text{ a } 0°\text{C} = 597 \text{ kcal/kg}$$ (segundo avaliações mais modernas da V.D.I. 597,24 kcal/kg)

$$C_{pv} = 0,45 \text{ kcal/kg°C}$$

De modo que teremos:

$$\text{H} = 0,24t + (597,24 + 0,45t)x \text{ kcal/kg ar seco} \quad 2.19$$

Nestas condições, podemos dizer, embora impropriamente, que o calor específico do ar úmido nos será dado por:

$$C_{p(1+x)} = 0{,}24 + 0{,}45x \text{ kcal/kg ar seco °C} \quad 2.20$$

Embora a entalpia do ar úmido seja calculada, tomando-se como base o kg de ar seco, podemos referi-la ao kg de mistura (entalpia específica real), dividindo para isto a expressão anterior por (1 + x) kg.

Na prática, é preferível destacar a entalpia sensível H_s, devido às diferenças de temperatura e à entalpia latente H_l devida ao calor latente de vaporização, isto é:

$$H_S = (0{,}24 + 0{,}45x)t \text{ kcal/kg ar seco}$$
$$H_L = 597{,}24x \text{ kcal/kg ar seco} \quad 2.21$$

EXEMPLO 2.3

Calcular a entalpia aparente do ar úmido nas seguintes condições:

$$t_s = 30°C$$
$$t_u = 20°C$$
$$p = 760 \text{ mm Hg}$$

A equação 2.2 nos permite calcular:

$$\log p_{s20*C} = 9{,}1466 - \frac{2.316}{293} = 1{,}24 \qquad p_{s20*C} = 17{,}4 \text{ mm Hg}$$

$$\log p_{s30*C} = 9{,}1466 - \frac{2.316}{303} = 1{,}50 \qquad p_{s30*C} = 31{,}6 \text{ mm Hg}$$

De modo que, com ajuda da equação 2.9, podemos fazer:

$$p_V = 17{,}4 - 5\frac{760}{755} = 12{,}4 \text{ mm Hg}$$

Ou ainda:

$$\varphi = \frac{p_V}{p_s} = \frac{12{,}4}{31{,}6} = 0{,}392 \ (39{,}2\%)$$

Por outro lado, de acordo com as equações 2.16 e 2.17:

$$x = 0,622\frac{12,4}{760-12,4} = 0,01027 \text{ kg/kg ar seco}$$

$$x_s = 0,622\frac{31,6}{760-31,6} = 0,02690 \text{ kg/kg ar seco}$$

$$\phi = \frac{x}{x_s} = \varphi\frac{p-p_s}{p-\varphi p_s} =\sim \frac{0,01027}{0,02690} = 0,392$$

Por sua vez, as entalpias nos serão dadas pelas equações 2.21:

$$H_S = 0,24\times30+0,01027\times0,45\times30 = 7,3386 \text{ kcal/kg ar seco}$$

$$H_L = 597,24\times0,01027 = 6,1337 \text{ kcal/kg ar seco}$$

$$H = H_S + H_L = 7,3386+6,1337 = 13,4723 \text{ kcal/kg ar seco}$$

Na realidade, as leis de DALTON não são rigorosamente aplicáveis ao ar úmido, donde surgiram pequenas discrepâncias entre os dados obtidos algebricamente por meio das equações apresentadas e, os dados experimentais obtidos pela A.S.H.R.A.E

2.6 – DIAGRAMA DE MOLLIER PARA O AR ÚMIDO

As equações 2.19 e 2.21 nos permitem traçar um diagrama, no qual as condições t = constante, x = constante e H = constante são linhas retas.

Tal diagrama idealizado por MOLLIER para o ar úmido toma o nome de carta psicrométrica.

As cartas psicrométricas usadas na Europa adotam como ordenadas as entalpias sensíveis H_S e como abscissas as entalpias latentes H_L, embora sejam registradas, nas ordenadas as temperaturas do termômetro seco t_s e nas abscissas os conteúdos de umidade x (veja carta psicrométrica na página 20).

Nestas condições, as linhas de temperatura constante serão linhas retas do tipo:

$$H_S = t(0,45x+0,24) = Ax+B = A'H_L + B$$

levemente inclinadas em relação ao eixo das abscissas, de acordo com a variação das mesmas ($x = H_L/597,24$).

Por outro lado, as linhas de igual entalpia:

$$H = H_L + H_S = 597x + H_S$$

serão naturalmente linhas de mesma inclinação em relação às abscissas.

As linhas de igual grau higrométrico definidas para uma mesma temperatura pela relação:

$$\phi = \frac{x}{x_s}$$

dividem as isotermas em partes iguais.

As linhas de igual grau higrométrico aparecem como linhas curvas convergentes sobre a origem a –273°C.

A linha de percentagem de umidade igual a 100% é a linha de saturação, sobre a qual se localizam os pontos de orvalho, isto é, as condições do ar úmido para as quais o vapor d'água começa a condensar-se, podendo ser dele separado.

As linhas de igual entalpia (isentálpicas ou de umidificação adiabática), na interseção com a linha de saturação, indicam a temperatura do termômetro úmido.

Realmente, a saturação adiabática do ar, cujas condições o colocam sobre uma isentálpica, é dada pelo ponto de interseção da isentálpica considerada com a linha de saturação.

Na realidade, como a entalpia é dada em kcal/kg de ar seco, devido à transferência de massa de água evaporada para o ar, a linha de transformação que caracteriza o processo não é exatamente isentálpica (para maiores detalhes procure a bibliografia).

Aparecem ainda no diagrama a seguir apresentado, para a pressão atmosférica normal de 760 mm Hg, as pressões parciais do vapor d'água contido no ar em função de seus conteúdos de umidade:

$$p_v = \frac{760x}{0{,}622 + x}$$

Nos bordos do diagrama, a partir da origem (t = 0°C, x = 0 kg/kg de ar seco), as linhas de igual relação H/x.

Estas linhas são de grande importância na resolução dos problemas de condicionamento do ar ambiente, onde o fator de calor latente F.C.L., que é a parcela de calor latente a ser retirado do ambiente, vale:

$$\text{F.C.L.} = \frac{Q_L}{Q_S + Q_L} = \frac{H_L}{H_S + H_L} = \frac{597{,}24\,\Delta x}{\Delta H}$$

Isto é:

$$\frac{\Delta H}{\Delta x} = \frac{597{,}24}{\text{F.C.L.}} \qquad 2.22$$

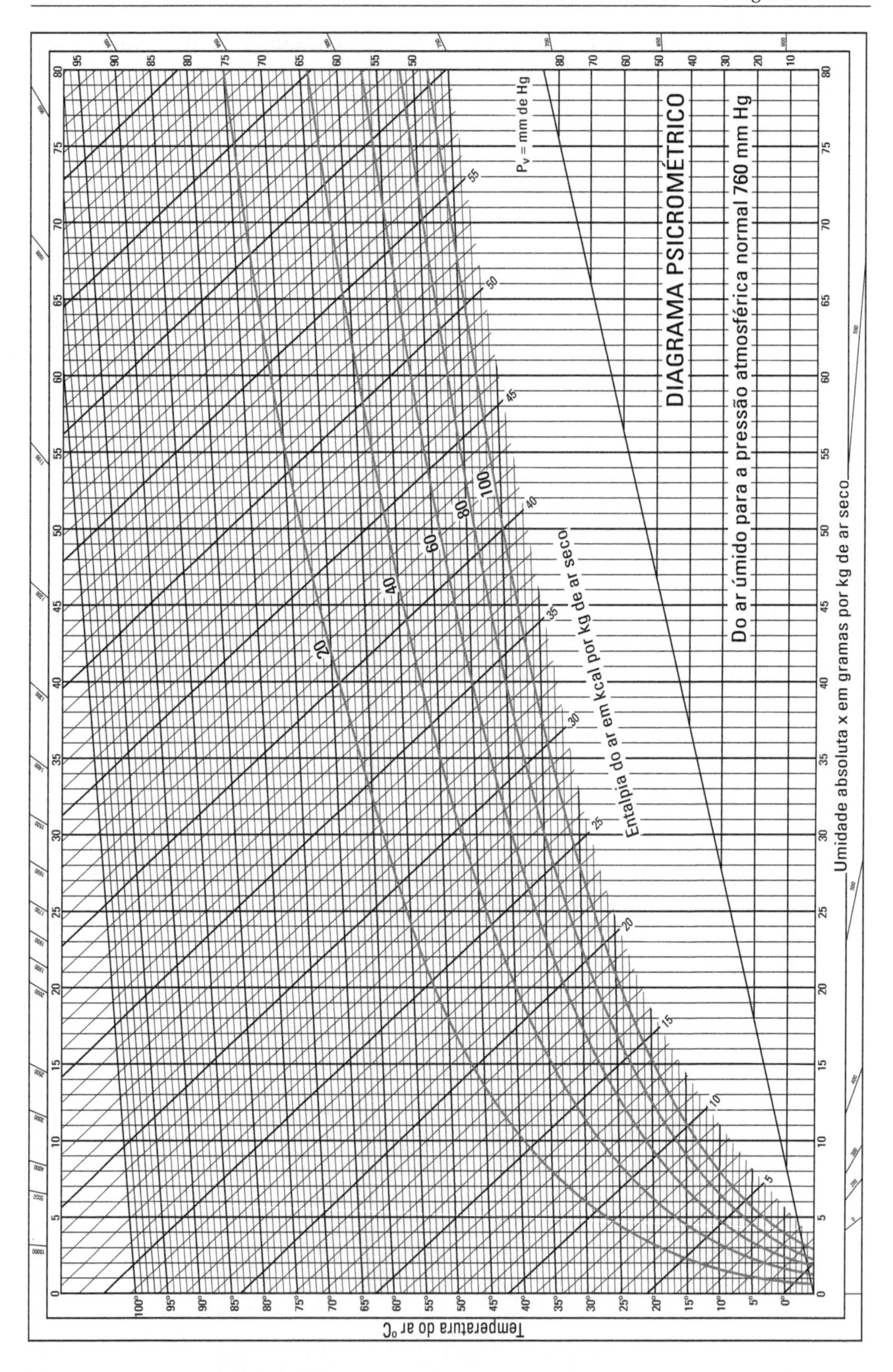
DIAGRAMA PSICROMÉTRICO
Do ar úmido para a pressão atmosférica normal 760 mm Hg
P_v = mm de Hg
Entalpia do ar em kcal por kg de ar seco
Umidade absoluta x em gramas por kg de ar seco
Temperatura do ar °C

Observação: As linhas de igual relação $\Delta H/\Delta x$ são paralelas às linhas de mesmo H/x que passam pela origem (veja carta psicrométrica na página 20).

As cartas psicrométricas usadas pelos norte-americanos (ASHRAE) adotam como ordenadas os conteúdos de umidade x e como abscissas as temperaturas do termômetro seco t_s.

EXEMPLO 2.4

Determinar graficamente por meio da carta psicrométrica as principais características do ar úmido nas seguintes condições:

$$t_s = 30°C$$
$$t_u = 20°C$$
$$p = 760 \text{ mm Hg}$$

(veja também a solução analítica dos exemplos 2.1 e 2.3).

A t_u corresponde à temperatura do ar saturado (ponto 2). A linha de saturação adiabática é uma isentálpica.

Nessas condições, seguindo a isentálpica que passa pelo ponto 2 até atingir a linha de igual temperatura t_s, podemos determinar o ponto 1 que caracteriza as condições do ar em estudo (figura 2.3).

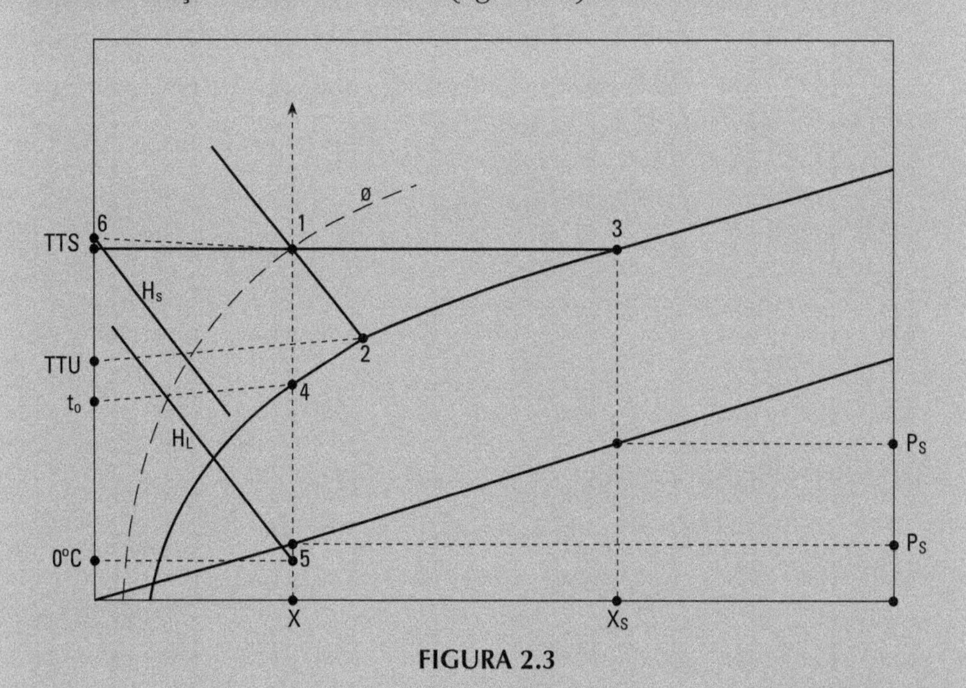

FIGURA 2.3

No ponto 1 assim determinado, podemos ler os seguintes valores:

$$\phi = 40\%$$
$$H = 14,0 \text{ kcal/kg de ar seco}$$
$$x = 11,0 \text{ g/kg de ar seco}$$
$$p_v = 13 \text{ mm Hg}$$

Caso o ar à temperatura de 30°C estivesse saturado, ele atingiria o ponto 3, onde podemos ler:

$$x_s = 28,0 \text{ g/kg de ar seco}$$
$$p_s = 32,0 \text{ mm Hg}$$

e então verificar que:

$$\phi = \frac{x}{x_s} = 0,393 =\sim \varphi = \frac{p_v}{p_s} = 0,406$$

Reduzindo a temperatura do ar sem alterar o seu conteúdo de umidade x, notamos que o seu grau higrométrico aumenta até atingir a saturação no ponto 4, o qual recebe o nome de ponto de orvalho (t_0 = 14,9°C), pois nesta temperatura o ar começa a orvalhar, perdendo umidade que se condensa em forma de nuvens, neblina ou mesmo chuva.

Aumentando a temperatura do ar sem alterar o seu conteúdo de umidade x, nota-se o contrário, seu grau higrométrico diminui.

Baixando a temperatura do ar sem alterar o seu conteúdo de umidade x até a temperatura de 0°C (ponto 5), seu calor sensível passa a ser zero e podemos determinar qual o seu calor latente:

$$H_L = 6,5 \text{ kcal/kg ar seco}$$

Tirando uma perpendicular às ordenadas a partir do ponto 1, o calor sensível do ar ao longo da mesma não se altera, enquanto o calor latente para $x = 0$ se anula, de modo que podemos determinar o valor do calor sensível do mesmo (ponto 6):

$$H_S = 7,5 \text{ kcal/kg ar seco}$$

E, podemos verificar a entalpia total do ar em estudo:

$$H = H_L + H_S = 6,5 + 7,5 = 14,0 \text{ kcal/kg ar seco}$$

Observação: discrepâncias de valor que aparecem acima, em relação aos valores já calculados analiticamente, se devem à imprecisão de leituras na carta psicrométrica.

2.7 – DIFUSÃO DO VAPOR D'ÁGUA NO AR

Quando em uma mistura de fluidos existem diferenças de concentrações (gradientes de concentração ou gradientes de pressões parciais) de um ou mais componentes, haverá transferência microscópica de massa das regiões de maior concentração para as regiões de menor concentração, fenômeno que toma o nome de difusão.

A difusão de massa, embora de natureza molecular, pode assumir aspecto macroscópico, nos fluidos em movimento, em virtude de turbulências que criam aumento de tensões viscosas intensificando tanto a transferência de calor como a transferência de massa.

Segundo a lei de FICK, o fluxo de massa de um determinado componente de uma mistura, devido à difusão, é diretamente proporcional ao gradiente de concentração do componente considerado.

Assim, considerando dois componentes separados por uma parede de superfície S, os fluxos unidirecionais de massa que ocorrem, ao ser removida a parede de separação (Figura 2.4), nos serão dados por:

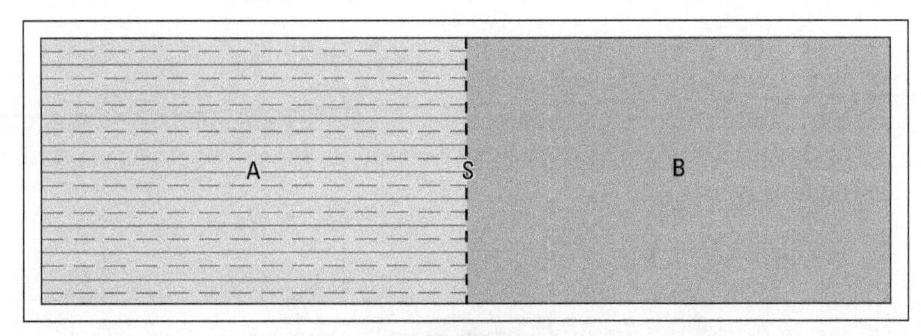

FIGURA 2.4

$$M_A = -D'_{AB} S \frac{dC_A}{dy}$$

$$M_B = -D'_{BA} S \frac{dC_B}{dy}$$

Onde:

D'_{AB} é o coeficiente de difusão do componente A em relação a B em m^2/h
M_A é o fluxo de massa do componente A em kg/h
C_A é a concentração do componente A em kg/m^3
S é a superfície de separação entre os dois componentes em m^2

A lei de FICK da difusão é semelhante à lei de FOURIER da condução do calor:

$$Q = k\frac{dt}{dy}$$

e à equação das tensões nos escoamentos dos fluidos:

$$\sigma = \mu\frac{dc}{dy}$$

A equação de FICK caracteriza o transporte de massa, a de FOURIER, o transporte de calor e a das tensões, o transporte de quantidades de movimento através das diversas camadas dos fluidos em escoamento.

A transferência de massa entre duas concentrações diversas de um mesmo componente, por sua vez, nos seria dada naturalmente por:

$$M_A = -D'_A S\frac{C_{A2} - C_{A1}}{y_2 - y_1}$$

Onde, à semelhança da transmissão de calor, a relação $-D'_A/(y_2 - y_1)$ tem uma conotação de coeficiente de transferência de massa α_M, isto é:

$$M_A = \alpha_M S(C_{A2} - C_{A1})$$

Em se tratando de gases, a concentração pode ser calculada com boa exatidão a partir da equação geral dos gases perfeitos, em função da pressão parcial de seus componentes. Isto é:

$$p_v = RT \qquad p = \rho RT$$

$$C = \frac{M}{V} = \rho = \frac{p}{RT} = \frac{mp}{mRT} = \frac{mp}{848T}$$

Assim, para o caso da difusão do vapor d'água no ar, a transferência de massa passaria a ter a expressão:

$$M_v = \alpha_v S(C_{v2} - C_{v1}) = \alpha_v S\frac{m_v(p_{v2} - p_{v1})}{848T}$$

O coeficiente de difusão D' varia com a temperatura e a pressão, podendo-se fazer:

$$D' = D'_0\left(\frac{T}{T_0}\right)^n \frac{p_0}{p}$$

onde n, que varia de 1,75 a 2,5, para o vapor d'água vale 2,33.

Para a pressão atmosférica normal e temperatura de 25°C, o valor do coeficiente de difusão do vapor d'água no ar tranqüilo foi calculado em 0,0923 m^2/h.

Como, entretanto, nos casos práticos, o ar na maior parte das vezes está em movimento e a caracterização das distâncias envolvidas não é bem definida, é preferível usar a fórmula prática 2.4, que já apresentamos a partir da lei de DALTON da evaporação, a qual é válida entre os limites de 40 a 252°C e 1,0 a 7,5 m/s:

$$M_v = \mathrm{K\,S}(p_{v1} - p_{v2})\frac{p_0}{p} \qquad 2.4$$

onde:

$$K = a + bc = 0{,}0229 + 0{,}0174\, c_{ar}\ \mathrm{kg/m^2\,h\,mmHg}$$

Ou ainda, lembrando que a pressão parcial do vapor d'água no ar é uma função do seu conteúdo de umidade:

$$p_{v1} = p\frac{x_1}{0{,}622 + x_1}$$

$$p_{v2} = p\frac{x_2}{0{,}622 + x_2}$$

$$p_{v1} - p_{v2} =\sim \frac{p}{0{,}622}(x_1 - x_{2)}$$

De modo que podemos fazer, com boa aproximação:

$$M_v =\sim \frac{\mathrm{K}\,p_0}{0{,}622}\mathrm{S}(x_1 - x_2) =\sim \mathrm{K'\,S}(x_1 - x_2)\ \mathrm{kg/h} \qquad 2.23$$

onde K' toma o nome de coeficiente de evaporação e pode ser calculado a partir do valor já apresentado de K:

$$\mathrm{K'} = \frac{\mathrm{K}p_0}{0{,}622} =\sim 28 + 21{,}3c_{ar}\ \mathrm{kg/m^2h} \qquad 2.24$$

Quando a água é colocada em contato com o ar, podemos dizer que tanto a pressão parcial do vapor d'água como o conteúdo de umidade do ar na superfície da água são os correspondentes à saturação na temperatura do líquido, isto é:

$$p_{v1} = p_{s\ \text{água}} \qquad x_1 = x_{s\ \text{água}}$$

e a troca de massa dada pelas equações anteriores e que correspondem a uma troca de calor latente Q_L nos será dada por:

$$Q_L = Mr = \mathrm{K\,S}\,r(p_{s\ \text{água}} - p_v)\frac{p_0}{p} = \mathrm{K'\,S}\,r(x_{s\ \text{água}} - x) \qquad 2.25$$

Caso o ar esteja a uma temperatura diferente t_{ar} da temperatura da água $t_{água}$, haverá igualmente uma troca de calor sensível Q_S, que nos será dada, de acordo com a lei de NEWTON da transmissão de calor por condutividade externa, por:

$$Q_S = \alpha \, S(t_{ar} - t_{água})$$

Com base nas expressões anteriores de Q_L e Q_S, vários casos podem ser analisados, com o auxílio da carta psicrométrica.

a) Saturação adiabática do ar

Quando a temperatura do ar é superior à da água, pode ocorrer que o calor sensível perdido pelo ar seja aproveitado unicamente na evaporação da água, de tal forma que o calor total do sistema permaneça o mesmo.

Neste caso, a transformação seria uma adiabática à pressão constante (isentálpica), como ocorre nos psicrômetros já analisados.

Devido à igualdade entre os calores sensível e latente que entram em jogo no caso, podemos escrever que:

$$M_{ar} Cp_{ar}(t_{ar} - t_{água}) = M_{ar} r(x_{s água} - x_{ar})$$

e fazendo nas expressões anteriores do calor latente:

$$(t_{ar} - t_{água}) = \frac{r}{Cp_{ar}}(x_{s\ água} - x_{ar})$$

obtemos:

$$Q_L = rM_v = K\,S\,r(p_{s\ água} - p_v)\frac{p_0}{p} = S\,\alpha \frac{r}{Cp_{ar}}(x_{s\ água} - x_{ar})$$

Comparando esta última expressão com a equação 2.25 do calor latente estabelecida anteriormente, concluímos que neste processo o coeficiente de evaporação vale:

$$K' = \frac{\alpha}{Cp_{ar}} \qquad 2.26$$

Do exposto, depreende-se que a tendência da água em contato com o ar ambiente é atingir a temperatura t_u, de tal forma que a sua evaporação é suprida exclusivamente pelo calor sensível do ar à temperatura t_s.

b) Quando a água é aquecida ou esfriada, em relação à temperatura que a mesma apresentaria naturalmente no ambiente (t_u), já não se pode falar numa umidificação ou mesmo desumidificação adiabática do ar, embora as trocas de calor sensível e latente ainda sejam dadas pelas equações da transmissão de calor por condutividade externa devida a NEWTON e à equação 2.25 estabelecida acima.

Assim dependendo das diferenças de temperaturas ou pressões:

$$t_s >< t_{H_2O}$$

$$p_v >< p_{s\,H_2O}$$

podemos relacionar (Tabela 2.4) todas as possibilidades de trocas de calor e de massa que podem ocorrer, quando a água é posta em contato com o ar.

TABELA 2.4 — TROCAS DE CALOR SENSÍVEL E DE MASSA DE ÁGUA EM CONTATO COM O AR AMBIENTE

ITEM	t_{H_2O}	P_{sH_2O}	Q_{SAR}	Q_{SH_2O}	Q_L
1	$>t_s$	$>p_v$	Aquece	Esfria	Evaporação
2	t_s	$>p_v$	—	Esfria	Evaporação
3	$<t_s >t_u$	$>p_v$	Esfria	Esfria	Evaporação
4	t_u	$>p_v$	Esfria	—	Evaporação
5	$<t_u$	$>p_v$	Esfria	Aquece	Evaporação
6	$<t_u$	p_v	Esfria	Aquece	—
7	$<t_u$	$<p_v$	Esfria	Aquece	Condensação

Uma melhor visualização das operações relacionadas na tabela acima pode ser observada na carta pasicrométrica esquematizada na Figura 2.5

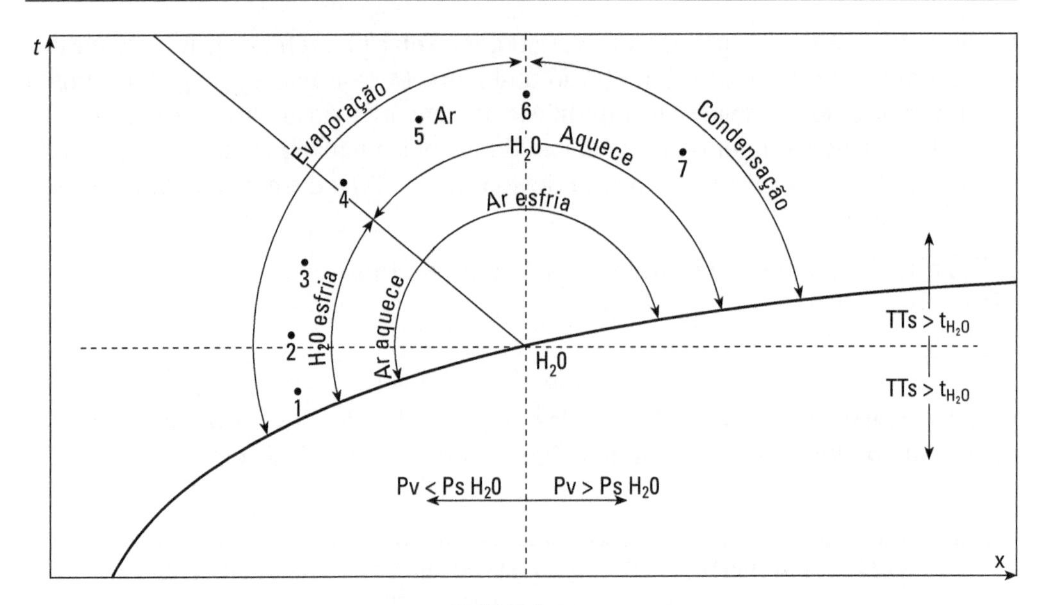
t
Evaporação
Ar
5
6
Condensação
H_2O Aquece
7
4
Ar esfria
3
H_2O esfria
Ar aquece
2
1
H_2O
TTs > t_{H_2O}
TTs > t_{H_2O}
Pv < Ps H_2O
Pv > Ps H_2O
x

FIGURA 2.5

CAPÍTULO 3

PROCESSOS DE SECAGEM POR DIFUSÃO DO VAPOR D'ÁGUA

3.1 – CONCEITOS BÁSICOS

3.1.1 – FORMULÁRIO

Para analisar todos os processos de secagem por difusão do vapor d'água, nos ateremos ao formulário básico desenvolvido no capítulo anterior, cujas equações mais importantes, sob este aspecto, relacionamos novamente a seguir:

— Pressão de saturação do vapor dágua p_s em função da temperatura t:

$$\log p_s = 9{,}1466 - \frac{2.316}{T} \text{ mm Hg} \qquad 2.2$$

— Transferência de massa de vapor d'água M_V em função da diferença de pressões do vapor d'água $(p_s - p_v)$:

$$M_V = \text{K S} \frac{p_0}{p}(p_s - p_v) \text{ g/h} \qquad 2.4$$

onde:

$$K = 22{,}9 + 17{,}4\, c \text{ m/s g/m}^2 \text{ h mm Hg} \qquad 2.5$$

— Pressão parcial do vapor d'água no ar p_v, em função das temperaturas t_s e t_u do psicrômetro:

$$p_v = p_{stu} - \frac{p}{755}\left(\frac{t_s - t_u)}{2}\right) \text{mm Hg} \qquad 2.9$$

— De acordo com a expressão das pressões p_s e p_v em função dos conteúdos de umidade x e x_s:

$$p_v = \frac{xp}{0,622+x} \text{ mm Hg} \qquad 2.16$$

$$p_s = \frac{x_s p}{0,622+x_s} \text{ mm Hg} \qquad 2.17$$

podemos calcular com boa aproximação (ao menos para uma análise qualitativa) a transferência de massa de vapor dágua M_V em função da diferença dos conteúdos de umidade $(x_s - x)$:

$$M_V =\sim \frac{K\,p_0}{0,622} S\,(x_s - x) \text{ g/h} \qquad 2.23$$

3.1.2 – ATIVIDADE DE ÁGUA

A presença de umidade em um material pode apresentar-se de diversas maneiras:

Superficial

Higroscópica

Em forma de mistura

Em forma de solução

Em forma de suspensão

Em forma de pasta

Cristalizada

Esta umidade pode fluir através do material de diversas maneiras:

Difusão

Vaporização

Capilaridade

Gradientes de pressão

Gravidade

Quando a umidade do produto assume uma pressão de vapor igual à pressão de saturação p_s do vapor d'água correspondente à temperatura do mesmo, diz-se que a água nele contida não é ligada e a atividade de água do corpo W_A é caracterizada como 100% (W_A = 1).

Quando a umidade do produto assume uma pressão $p_{v\ corpo}$ inferior à pressão de saturação p_s do vapor d'água correspondente à temperatura do mesmo, diz-se que a água nele contida é ligada (celular ou de constituição) e a sua atividade de água passa a ser dada por:

$$W_A = \frac{p_{v\ \text{corpo}}}{p_s}$$

Ou seja, a atividade de água de um material W_A é a relação entre a sua pressão de vapor dágua $p_{v\ \text{corpo}}$ e a pressão de vapor correspondente à saturação p_s na sua temperatura.

No inicio da secagem, quando o produto a secar dispõe de bastante umidade, a pressão do vapor d'água na superfície exterior do material assume a pressão de saturação do vapor dágua p_s correspondente à temperatura do mesmo.

A proporção que o material vai perdendo umidade, a pressão de vapor disponível na interface do material com o ar $p_{v\ \text{corpo}}$ se torna inferior a p_s, o que caracteriza uma atividade de água inferior a unidade:

$$W_A = \frac{p_{v\ \text{corpo}}}{p_s} < 1$$

Quando um corpo à mesma temperatura do ar circundante atinge uma atividade de água igual à umidade relativa do ar $\varphi = p_v/p_s$, a difusão do vapor d'água do mesmo cessa.

Nestas condições, diz-se que a umidade do material em relação ao ar ambiente, no qual ele se encontra, está estabilizada.

A estabilização da umidade de materiais como tijolos, madeiras, cereais etc. constitui, na maior parte dos casos, o objetivo único dos processos de secagem. (Tabela 3.1 – BUFFALO FORGA COMPANY e ASHRAE – 1949).

3.1.3 – TEMPO DE DURAÇÃO DA SECAGEM

A retirada de umidade por difusão do vapor d'água no ar através da interface S material–ar, em função do tempo, pode ser calculada pela equação 2.4, desde que a atividade de água na superfície externa do material seja igual a um ($p_{v\ \text{corpo}} = p_s$).

Isto só é possível se a migração da umidade do interior do corpo para a periferia seja igual ou mesmo superior à umidade retirada por difusão.

Caso a migração citada da umidade for inferior à capacidade de difusão do vapor na superfície externa do material, a intensidade do processo de secagem ficará reduzida, diretamente pela migração de umidade a menos, ou indiretamente por uma conseqüente redução da atividade de água da superfície do material.

TABELA 3.1 — UMIDADE DE EQUILÍBRIO EM % DO PESO SECO DE DIVERSOS MATERIAIS EM FUNÇÃO DA UMIDADE RELATIVA DO AR AMBIENTE A 25°C

MATERIAL	10%	20%	30%	40%	50%	60%	70%	80%	90%
Algodão	2,5	3,7	4,6	5,5	6,6	7,9	9,5	11,5	14,1
Algodão absorvente	4,8	9,0	12,5	15,7	18,5	20,8	22,8	24,3	25,8
Lã	4,7	7,0	8,9	10,8	12,8	14,9	17,2	19,9	23,4
Seda	3,2	5,5	6,9	8,0	8,9	10,2	11,9	14,3	18,8
Linho de cama	1,9	2,9	3,6	4,3	5,1	6,1	7,0	8,4	10,2
Linho de roupa	3,6	5,4	6,5	7,3	8,1	8,9	9,8	11,2	13,8
Juta	3,1	5,2	6,9	8,5	10,2	12,2	14,4	17,1	20,2
Cânhamo	2,7	4,7	6,0	7,2	8,5	9,9	11,6	13,6	15,7
Viscose, nitrocelulose	4,0	5,7	6,8	7,9	9,2	10,8	12,4	14,2	16,0
Raiom, acetato celulose	0,8	1,1	1,4	1,9	2,4	3,0	3,6	4,3	5,3
Papel celulose, 24%	2,1	3,2	4,0	4,7	5,3	6,1	7,2	8,7	10,6
Papel celulose, 3%	3,0	4,2	5,2	6,2	7,2	8,3	9,9	11,9	14,2
Papel crepom	3,2	4,6	5,7	6,6	7,6	8,9	10,5	12,6	14,9
Couro	5,0	8,5	11,2	13,6	16,0	18,3	20,6	24,0	29,2
Cola	3,4	4,8	5,8	6,6	7,6	9,0	10,7	11,8	12,5
Borracha	0,11	0,21	0,32	0,44	0,54	0,66	0,76	0,88	0,99
Madeira (média)	3,0	4,4	5,9	7,6	9,3	11,3	14,0	17,5	22,0
Sabão branco	1,9	3,8	5,7	7,6	10,0	12,9	16,1	19,8	23,8
Pão francês	0,5	1,7	3,1	4,5	6,2	8,5	11,1	14,5	19,0
Bolachas	2,1	2,8	3,3	3,9	5,0	6,5	8,3	10,9	14,9
Macarrão	5,1	7,4	8,8	10,2	11,7	13,7	16,2	19,0	22,1
Farinha de trigo	2,6	4,1	5,3	6,5	8,0	9,9	12,4	15,4	19,1
Amido	2,2	3,8	5,2	6,4	7,4	8,3	9,2	10,6	12,7
Gelatina	0,7	1,6	2,8	3,8	5,9	6,1	7,6	9,3	11,4
Fibras de asbesto	0,16	0,24	0,26	0,32	0,41	0,51	0,62	0,73	0,84
Sílica gel	5,7	9,8	12,7	15,2	17,2	18,8	20,2	21,5	22,6
Coque	0,20	0,40	0,61	0,81	1,03	1,24	1,46	1,67	1,89
Carvão ativado	7,1	14,3	22,8	26,2	28,3	29,2	30,0	31,1	32,7
Ácido sulfúrico	33,0	41,0	47,5	52,5	57,0	61,5	67,0	73,5	82,5
Soja	—	—	—	—	7,9	9,5	12,0	15,4	18,2
Milho	—	—	8,6	10,1	11,1	12,3	13,5	15,3	18,2
Arroz com casca	—	8,0	9,5	10,3	10,9	11,1	12,9	14,5	17,0
Trigo	—	—	8,4	10,0	11,7	13,6	15,0	16,4	19,8

Esta observação nos leva a concluir que todo material tem um limite para sua intensidade de secagem, limite este que depende de sua natureza.

Forçar a secagem acima deste limite, o que pode ser conseguido pelo aquecimento do material por exemplo, significaria criar tensões de vapor no interior do material superiores às tensões de vapor na sua superfície.

Esta ocorrência pode dar origem à deformação do material a secar, como ocorre na secagem de tijolos ou grãos, os quais quebram ao sofrerem uma difusão de vapor brusca, ao serem colocados úmidos em contato com o ar a uma temperatura elevada demais.

Embora alguns materiais não sofram alterações prejudiciais quando submetidos a temperaturas elevadas ou a uma secagem rápida, é importante determinar para aqueles materiais sujeitos a quebras, a temperatura máxima que os mesmos suportam e igualmente o tempo de duração mínimo plausível para o seu processo de secagem.

O tempo mínimo de duração de um processo racional de secagem, entretanto, depende de tantos fatores, que normalmente a sua determinação é feita experimentalmente.

A Tabela 3.2 relaciona o tempo de duração recomendável, assim como a temperatura máxima a adotar na secagem de diversos materiais (dados obtidos da BUFFALO FORGE COMPANY e ASHRAE – 1949 e de projetos executados pelo autor).

TABELA 3.2 — TEMPO DE DURAÇÃO E TEMPERATURAS MÁXIMAS A ADOTAR NA SECAGEM DE DIVERSOS MATERIAIS

MATERIAL	Umidade Inicial	Temperatura Máxima	Duração
1 – Cereais para semente	20 a 30%	55 a 65°C	3 a 6 h
2 – Cereais para consumo	20 a 30%	40 a 80°C	2,5 a 5 h
3 – Arroz do Rio Grande do Sul	15 a 25%	40 a 70°C	2,5 a 5 h
4 – Feijão		60°C	12 h
5 – Ervilha		60°C	6 h
6 – Café		60 a 66°C	20 h
7 – Legumes	50 a 80%	50 a 60°C	
8 – Alimentos em pasta	30 a 35%	25 a 40°C	
9 – Noz, castanhas e amêndoas		25 a 60°C	24 h
10 – Maçã		60 a 80°C	6 h

MATERIAL	Umidade Inicial	Temperatura Máxima	Duração
11 – Ameixa		60°C	
12 – Frutas em geral		43°C	
13 – Açúcar		65 a 90°C	
14 – Sal	8%	180 a 200°C	
15 – Caseína	40 a 50%	80°C	5 h
16 – Amido	40 a 50%	35 a 40°C	
17 – Gelatina	70 a 90%	35 a 43°C	
18 – Cola		20 a 35°C	24 a 96 h
19 – Fumo	50 a 80 %	30 a 70°C	70 a 90 h
20 – Tecido de linho	20 a 30%	80 a 100°C	10 h
21 – Tecido de algodão	30 a 35%	80 a 100°C	12 h
22 – Tecido de lã	60 a 70%	80 a 100°C	20 h
23 – Papel		50 a 150°C	
24 – Papelão	50 a 70%	80 a 100°C	
25 – Sabão		40 a 50°C	12 a 72 h
26 – Borracha sintética	13%	80 a 120°C	50 m
27 – Borracha natural		30 a 35°C	6 a 12 h
28 – Couro fino		32°C	48 a 96 h
29 – Couro grosso		32°C	96 a 144 h
30 – Madeiras leves verdes	35%	50°C	
31 – Madeiras densas verdes	30%	40°C	
32 – Lenha verde	40 a 50%	40 a 80°C	3 a 18 dias
33 – Lenha seca ao ar	25 a 30%	160 a 200°C	
33 – Turfa seca ao ar	20 a 30%	160 a 200°C	
34 – Coque de carvão	8 a 10%	160 a 200^{0}C	
35 – Briquetes de carvão	16%	70^{0}C	
36 – Gesso		85 a 180^{0}C	1 h
37 – Calcário	16%	300 a 600^{0}C	
38 – Cerâmica		50 a 66^{0}C	24 h
39 – Tijolos	15 a 20%	75^{0}C	24 a 48 h

3.2 – TÉCNICAS ADOTADAS

3.2.1 – SECAGEM NATURAL

A secagem dita natural ocorre, quando tanto o material a secar como o ar se encontram nas condições ambientes normais.

Neste caso, a temperatura do material tende a atingir a temperatura do termômetro úmido t_u, como ocorre no psicrômetro de AUGUSTO.

Enquanto houver umidade disponível, a pressão do vapor d'água na superfície externa do material será a pressão de saturação do vapor d'água p_s correspondente à temperatura reinante na mesma.

Por outro lado, a pressão do vapor d'água no ar p_v tende a aumentar ao longo do processo de secagem natural, o que obriga, para a manutenção do fenômeno, a uma renovação constante do ar circundante.

Afortunadamente, o aumento de umidade do ar reduz sua densidade, o que contribui, caso facilitado, para o deslocamento de baixo para cima do ar de secagem.

Como, além disto, a transferência de massa dada pela equação 2.4 não depende só da diferença de pressões $(p_s - p_v)$, mas também do coeficiente K que é uma função da velocidade do ar c (equação 2.5), concluímos que a secagem natural só pode ser intensificada aumentando-se o deslocamento do ar.

Assim, de acordo com a equação 2.5, podemos relacionar o aumento da secagem natural com a velocidade do ar, em relação ao ar parado, como segue (Tabela 3.3).

TABELA 3.3 VARIAÇÃO DA INTENSIDADE DA SECAGEM NATURAL COM A VELOCIDADE DO AR

DESLOCAMENTO DO AR	INTENSIDADE DA SECAGEM NATURAL
Ar parado	100%
c = 1 m/s	175%
c = 2 m/s	250%
c = 3 m/s	325%
c = 4 m/s	400%
c = 5 m/s	475%

3.2.2 – SECAGEM POR AQUECIMENTO DO MATERIAL

Com o aumento da temperatura do material, aumenta a pressão de saturação do vapor d'água p_s na superfície do mesmo, o que, de acordo com a equação 2.4, causa o aumento da transferência de massa de vapor d'água do corpo para o ar no processo de secagem.

Para não haver a danificação do material a secar, ou mesmo alteração de características do mesmo, que devam ser preservadas, este aumento de temperatura deve respeitar os limites já indicados e que fazem parte da Tabela 3.2.

Quanto ao aquecimento, este pode ser obtido de diversas maneiras:

A – AQUECIMENTO SOLAR

A radiação solar atinge a camada externa da atmosfera com uma intensidade de 1.162,2 kcal/m^{2}h (constante solar).

Ao atravessar perpendicularmente a atmosfera, devido à permeabilidade da mesma, que é em média apenas 75%, esta radiação sofre uma redução, de modo que ao atingir a superfície de nosso planeta este valor passa a ser de 870 kcal/m^{2}h.

Além disto, esta intensidade de radiação varia com a latitude do local, época do ano e hora do dia.

Assim, para Porto Alegre, situada a 30° de latitude Sul, com céu límpido, este valor varia de acordo com a Tabela 3.4.

TABELA 3.4 — RADIAÇÃO SOLAR EM PORTO ALEGRE COM CÉU LÍMPIDO AO LONGO DO ANO

ÉPOCA DO ANO	Mínima 6h e 18h	Máxima 12h	Média Das 12h do dia
Solstício de VERÃO	63 kcal/m^{2}h	864 kcal/m^{2}h	515 kcal/m^{2}h
Equinócios	0 kcal/m^{2}h	722 kcal/m^{2}h	375 kcal/m^{2}h
Solstício de INVERNO	0 kcal/m^{2}h	429 kcal/m^{2}h	183 kcal/m^{2}h

Para uma insolação máxima de 864 kcal/m^{2}h, avaliada para Porto Alegre com céu límpido sobre uma superfície horizontal às 12 horas do dia 21 de dezembro, poderiam ser obtidas as elevações de temperaturas (Δt_i de insolação) em função da cor do material a secar, que constam na Tabela 3.5.

TABELA 3.5 – DIFERENÇA DE TEMPERATURA DE INSOLAÇÃO MÁXIMA EM FUNÇÃO DA COR DOS MATERIAIS

Cor do material a secar	Δt_i de insolação
Cores escuras	38°C
Materiais oxidados, vermelhos	35°C
Cores médias	32°C
Cores claras, aluminizados, brancos	22°C

Observação: Com a redução da insolação, as elevações de temperaturas conseguidas também se reduzem, praticamente de modo proporcional.

Para maiores detalhes sobre o calor de insolação procure na bibliografia – Costa Ennio Cruz da – ARQUITETURA ECOLÓGICA – São Paulo – Edgard Blücher – 1982.

Este leve aquecimento, além de não causar, de uma maneira geral, danos ao material a secar, embora seja bastante variável durante o dia, propicia um aumento significativo na intensidade do processo de secagem, em relação à secagem puramente natural.

Atualmente, esta técnica ainda é adotada para a secagem do sal (salinas), materiais de construção como agregados e areias, produtos vegetais diversos, sobretudo frutas em pedaços, e até mesmo cereais, como acontece por vezes no Nordeste do Brasil.

A temperatura de aquecimento dos materiais por meio do sol pode ser grandemente aumentada, protegendo-se o leito de secagem do material a secar com uma lâmina de vidro.

Neste caso, a renovação do ar que arrasta o vapor d'água deve ser racionalmente reduzida, para que o aquecimento seja maior e a intensificação da secagem atinja o seu máximo.

Técnica diversa desta consiste em evitar totalmente a entrada de ar externo, caso em que o sistema pode atingir temperaturas da ordem de até 110°C e o vapor difundido no ar pode ser condensado na superfície interna da lâmina de vidro, a qual com uma inclinação adequada pode recolher o líquido formado por gravidade e retirá-lo do conjunto na parte inferior.

Este processo, embora em pequena escala, tem sido usado para obter-se água destilada ou mesmo extrair o sal da água do mar no Nordeste do Brasil.

B – AQUECIMENTO POR CONDUÇÃO

O aquecimento direto do material por transmissão de calor por contato direto é uma técnica usual para a eliminação, ao menos preliminar da água, das soluções como acontece com a salmoura e outras soluções industriais.

Para isto são usados aquecedores de imersão constituídos por serpentinas de vapor, resistências elétricas ou até mesmo chamas submersas de GLP.

Neste caso, a temperatura de aquecimento normalmente excede a temperatura de ebulição da água ou solvente a remover.

É o que acontece nos chamados evaporadores, aquecidos normalmente com vapor a pressões da ordem de 10 kgf/cm^2 e temperaturas de 180°C.

Eles são constituídos de intercambiadores de calor do tipo tubo e carcaça (SHELL AND TUBE) verticais.

O produto na forma de suspensão ou solução a ser desidratado percorre os tubos de cima para baixo, onde concentrado é retirado, enquanto o vapor vivo preenche a carcaça.

Em grandes instalações deste tipo, por medida de economia de energia, a umidade retirada do sistema em forma de vapor pode ser adotada numa operação de vaporização a uma temperatura mais baixa.

Assim, considerando um gradiente térmico de 10°C como suficiente para um intercâmbio de calor econômico, podemos imaginar, a partir da temperatura de 180°C até atingir a temperatura de descarte de 100°C, que é a temperatura de vaporização da água à pressão atmosférica normal, uma série de 8 etapas de vaporização.

Tal técnica, que na prática, devido à sua complexidade, se reduz a um número de 6 etapas, caracteriza os evaporadores ditos de múltiplo efeito, com os quais pode-se retirar do material a desidratar 3 kg de umidade por cada kf de vapor vivo usado.

Mais difícil para o aquecimento por condução são os materiais sólidos, para os quais são usados secadores do tipo tambor rotativo horizontais ou calandras, quando se trata de tecidos.

C – AQUECIMENTO POR RADIAÇÃO

Neste caso, o aquecimento é feito por meio de radiadores de calor ou lâmpadas infravermelhas colocados em um secador tipo túnel, por onde o material, geralmente com umidade apenas superficial, passa suspenso por uma corrente transportadora.

D – AQUECIMENTO POR RADIOFREQÜÊNCIA

Também chamado de aquecimento por microondas, caracteriza-se por aquecer o material úmido, desde o seu interior, diminuindo sensivelmente o tempo de duração do processo de secagem.

As freqüências adotadas são de 1 a 10 MHz para materiais de grande espessura e de até 10 a 15 MHz para materiais de menor espessura.

Este tipo de secagem é usada para blocos de madeira e, sobretudo, para laminados de madeira.

E – AQUECIMENTO POR EFEITO JOULE

É um método de aquecimento de materiais semelhante ao da condução do calor.

Ele é adotado para materiais bons condutores, com os quais um aquecimento elétrico direto pela lei de JOULE pode ser obtido.

As voltagens e as freqüências adotadas são bastante mais baixas do que aquelas necessárias para aquecer materiais dielétricos.

Na realidade, esta técnica é mais usada para aquecer do que para secar.

3.2.3 – AQUECIMENTO DO AR

O uso do ar quente para o aquecimento do material a secar tem as seguintes vantagens:

- Aumenta a pressão de saturação do vapor d'água p_s do material.
- Embora a pressão parcial do vapor dágua do ar p_v não se altere com o aquecimento deste, a sua capacidade de arraste de umidade aumenta, devido ao aumento de seu conteúdo de umidade de saturação x_s.

A técnica do aquecimento do ar é a mais adotada atualmente na secagem industrial e deu origem a um sem número de secadores a ar quente, que podem ser classificados como:

De circulação natural ou forçada do ar

Intermitentes ou contínuos

De fluxo eqüicorrente, contracorrente, misto ou de corrente cruzada

Do tipo torre, ciclone, tambor rotativo ou túnel, com transporte por corrente, correia ou carrinhos.

Um pouco diferente do sistema de secagem por meio do aquecimento simples do ar de secagem, é o sistema de secagem por atomização, onde o material em suspensão ou em solução com fluidez adequada é borrifado numa corrente de ar quente (SPRAY DRYER ou JET DRYER).

Nesta solução, a secagem é praticamente instantânea e o produto seco se apresenta na forma de pó.

Este tipo de secagem é o preferido para produtos que podem ser manuseados em forma de soluções ou suspensões concentradas, como o leite, os sucos de frutas, o café e mesmo diversos produtos químicos e farmacêuticos.

Como objetivo principal deste compêndio, abriremos um capítulo especial sobre os secadores a ar quente, de uma maneira geral.

3.2.4 – SECAGEM A VÁCUO

Nos secadores a ar quente, o aquecimento do ar tem dois efeitos positivos sobre a operação de secagem, quais sejam:

a) O aquecimento do material úmido até a temperatura do termômetro úmido do ar t_u, o que significa uma elevação da pressão de saturação do vapor d'água do mesmo ($>p_{\text{stu}}$).

b) Aumento da capacidade do ar de arrastar a umidade retirada do material ($>\Delta x$).

Ao contrário, na redução da pressão do ar ambiente (vácuo) a capacidade de absorção de umidade por kg de ar seco diminui ($<\Delta x$).

Entretanto, a retirada desta umidade sob vácuo pode ser feita a temperaturas mais baixas, o que representa uma grande vantagem na secagem de materiais delicados (veja Capítulo 7).

3.2.5 – SECAGEM POR REFRIGERAÇÃO

Quando duas superfícies úmidas situadas num mesmo ambiente apresentam temperaturas diversas, haverá migração por difusão do vapor d'água da superfície quente para a superfície fria (Figura 3.1).

Na realidade, o ar envolvente das 2 superfícies manterá um gradiente térmico com cada uma das duas, de modo que a transmissão de calor e, portanto, também a transferência de massa se dêem de 1 para 2 através do ar.

É o que acontece nas câmaras frigoríficas onde, dependendo da diferença de temperatura existente entre o material a refrigerar e a temperatura dos resfriadores usados para a conservação do frio nas mesmas, pode ocorrer uma desidratação apreciável dos produtos nelas armazenados.

É a chamada purga frigorífica, que pode ser usada como poderosa técnica de secagem.

A vantagem do uso da refrigeração para tal é de permitir que, num processo de secagem deste tipo, as temperaturas envolvidas podem ser até bastante inferiores à do meio ambiente (veja Capítulo 8).

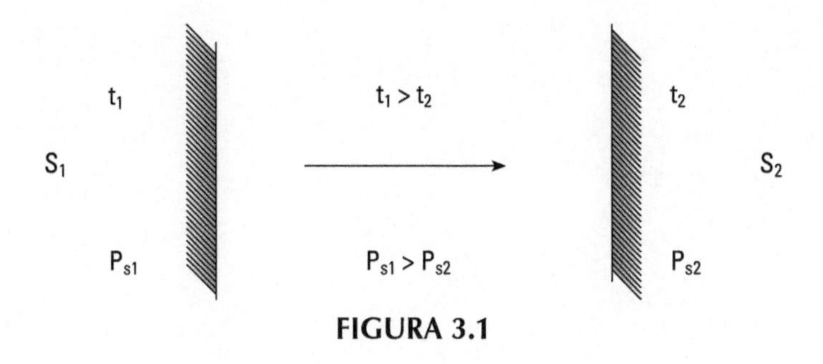

FIGURA 3.1

CAPÍTULO 4

SECADORES A AR QUENTE

4 .1 – TRANSMISSÃO DE CALOR

4.1.1 – INTERCAMBIADORES DE CALOR

O fluxo térmico entre dois meios separados por uma parede ou interface (fluido-sólido) é um dos processos de transmissão de calor mais explorados na termotécnica.

Assim, os geradores de vapor, os preparadores de água quente, os resfriadores, os condensadores, os evaporadores, os secadores, etc. são alguns exemplos dos múltiplos equipamentos que, baseados neste procedimento, são usados comumente na indústria.

Estes equipamentos são conhecidos como intercambiadores ou trocadores de calor.

Os intercambiadores, de acordo com o deslocamento dos corpos que trocam calor, podem ser classificados em estacionários, de fluxo cruzado, eqüicorrente, contracorrente ou mesmo mistos.

4.1.2 – DIFERENÇA DE TEMPERATURA MÉDIA LOGARÍTMICA

Num intercambiador de calor, enquanto o corpo quente cede calor diminuindo a sua temperatura, o corpo frio, não havendo trocas de calor latente, aquece aumentando a sua temperatura.

Portanto, a transmissão de calor nos intercambiadores se caracteriza por apresentar uma variação grande nas temperaturas dos corpos intervenientes.

Resta saber qual a diferença de temperatura a considerar no cálculo da transmissão de calor que então se verifica.

Consideremos, para isto, um intercambiador com fluxos definidos, eqüicorrente ou contracorrente, cujas variações de temperaturas estão registradas na Figura 4.1 e façamos as seguintes hipóteses simplificativas:

- Que o coeficiente global de transmissão de calor *K* seja constante ao longo de todo o intercambiador;
- Que não haja trocas de calor com o exterior;
- Que as trocas de calor sejam unicamente na forma sensível;
- Que, em qualquer seção transversal do mesmo, os corpos apresentem apenas uma temperatura.

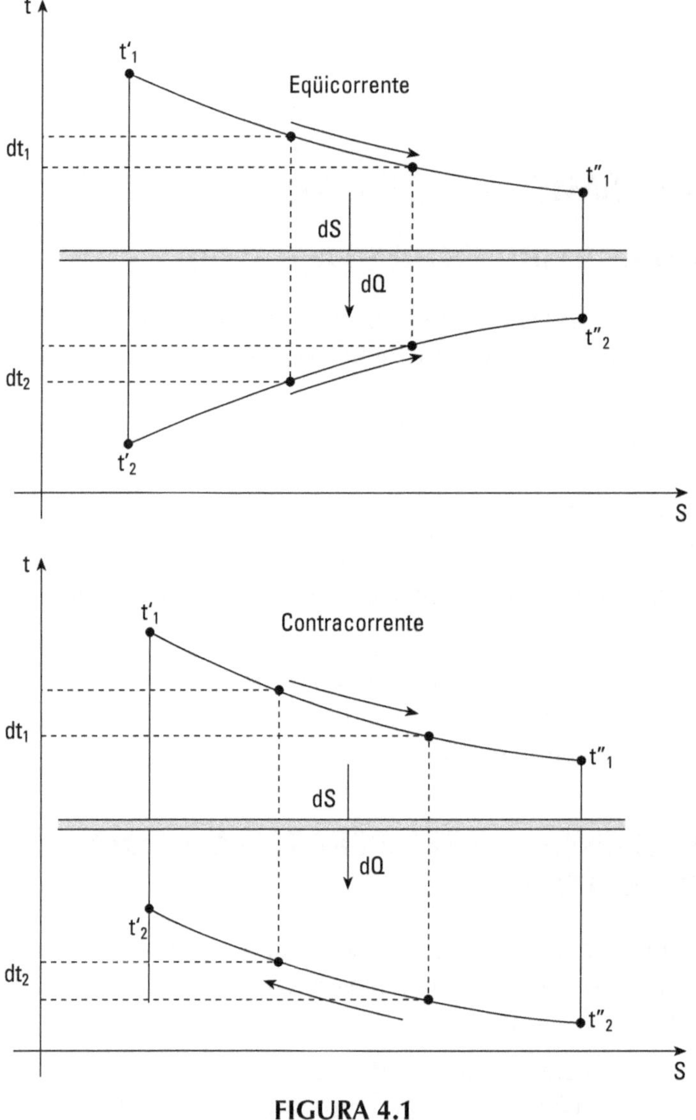

FIGURA 4.1

Nestas condições, aplicando a superfície elementar dS de separação dos dois meios, a equação geral da transmissão de calor, teremos:

$$dQ = K\,dS\,\Delta t$$

Onde a variação de temperatura existente entre os dois meios $\Delta t = t_1 - t_2$ varia, isto é:

$$d\Delta t = dt_1 - dt_2$$

De acordo com a Figura 4.1, o valor de dt_1 é sempre negativo, enquanto o valor de dt_2 é negativo para um fluxo contracorrente e positivo para um fluxo eqüicorrente.

Lembrando que o calor perdido pelo corpo quente é transmitido e absorvido pelo corpo frio, chamando de C_1 e C_2 os calores específicos e de M_1 e M_2 as massas em deslocamento na unidade de tempo dos mesmos, podemos escrever:

$$dQ \text{ kcal/h} = -M_1C_1dt_1 = \pm M_2C_2dt_2$$

Donde podemos tirar:

$$d\Delta t = dt_1 - dt_2 = -\frac{dQ}{M_1C_1} - \left(\pm\frac{dQ}{M_2C_2}\right) = -\left(\frac{1}{M_1C_1} \pm \frac{1}{M_2C_2}\right)dQ = m \text{ (constante)}$$

Isto é:

$$dQ = -\frac{d\Delta t}{m} = K\,S\,dt$$

Igualdades, que integradas entre os limites de t' e t'' correspondentes aos limites da superfície S (Figura 4.1) nos fornecem respectivamente:

$$d\Delta t = -m dQ \qquad \Delta t' - \Delta t'' = -mQ$$

$$\frac{d\Delta t}{\Delta t} = m\,K\,dS \qquad \ln\frac{\Delta t''}{\Delta t'} = -m\,K\,S$$

Donde:

$$Q = K\,S\frac{\Delta t'' - \Delta t'}{\ln\dfrac{\Delta t''}{\Delta t'}} = K\,S\frac{\Delta t' - \Delta t''}{\ln\dfrac{\Delta t'}{\Delta t''}}$$

Isto é:

$$Q = K\,S\frac{(t_1' - t_2') - (t_1'' - t_2'')}{\ln\dfrac{(t_1' - t_2')}{(t_1'' - t_2'')}} = K\,S\,\Delta t_{\ln} \qquad 4.1$$

O quociente da diferença das diferenças de temperaturas locais limites da superfície S, pelo logaritmo Neperiano da relação das mesmas, toma o nome de *diferença de temperaturas média logarítmica* $\Delta t_{\ln}$.

EXEMPLO 4.1

Calcular a diferença de temperatura média logarítmica de um intercambiador de calor entre dois fluidos, sabendo que o fluido quente entra a uma temperatura de 90°C e sai a uma temperatura de 50°C, enquanto o fluido frio tanto em eqüicorrente como em contracorrente deve ser aquecido de 10°C para 30°C.

Para um fluxo eqüicorrente teríamos:

Nas entradas $t_1' = 90°C$, $t_2' = 10°C$ — Nas saídas $t_1'' = 50°C$, $t_2'' = 30°C$

Donde:

$$\Delta t_{\ln} = \frac{80-20}{\ln 4} = \frac{60}{1,386} = 43,3°C$$

Para um fluxo contracorrente, por sua vez, teríamos:

No início do intercambiador $t_1' = 90°C$
$t_2' = 30°C$
No fim do intercambiador $t_1'' = 50°C$
$t_2'' = 10°C$

Donde:

$$\Delta t_{\ln} = \frac{60-40}{\ln 1,5} = \frac{20}{0,405} = 49,5°C$$

Já a diferença de temperatura média aritmética entre os dois fluidos, que trocam calor Δt_m, nos seria dada por:

$$\Delta t_n = \frac{(t_1' - t_2') - (t_1'' - t_2'')}{2}$$

a qual para o caso do exemplo anterior valeria 50°C.

Quanto mais próximas forem as diferenças de temperaturas nos extremos do intercambiador $(t_1' - t_2')$ e $(t_1'' - t_2'')$, mais a diferença de temperatura média logarítmica $\Delta t_{\ln}$ se aproxima da diferença de temperatura média aritmética Δt_m.

Quando as diferenças de temperaturas nos extremos do intercambiador são iguais, as diferenças de temperaturas médias, logarítmicas e aritméticas se identificam.

Quando as diferenças de temperaturas nos extremos do intercambiador diferem de no máximo 50%, como é o caso do exemplo anterior, a diferença de $\Delta t_{\ln}$ em relação a Δt_m é inferior a 2% e pode ser desprezada.

No caso do fluxo eqüicorrente, as diferenças de temperatura nos extremos do intercambiador tendem a diferir entre si, muito mais do que no caso do fluxo contracorrente, o que torna, em grande parte dos casos, esta última disposição a mais indicada do ponto de vista do rendimento da transmissão de calor.

Entretanto, quando um dos corpos intervenientes no processo não varia de temperatura (condensadores, evaporadores, secadores na fase de difusão do vapor), as diferenças de temperaturas médias logarítmicas que então se verificam, tanto para o fluxo eqüicorrente como para o fluxo contracorrente, são iguais.

4.1.3 – CÁLCULO DE INTERCAMBIADORES

Para qualquer tipo de intercambiador, onde se verifica o esfriamento do corpo quente $(t_{e1} - t_{s1})$ e o conseqüente aumento de temperatura do corpo frio $(t_{s2} - t_{e2})$, podemos estabelecer as seguintes igualdades:

$$Q = K\,S\,\Delta t = M_1 C_1\,(t_{s1} - t_{e1}) = M_2 C_2\,(t_{s2} - t_{e2}) \qquad 4.2$$

Onde $\Delta t = \Delta t_{\ln}$ e K pode ser calculado a partir do conceito de resistência térmica em função dos coeficientes de condutividade interna e externa da transmissão de calor.

Nestas condições, o dimensionamento da superfície S do intercambiador seria feita a partir dos dados:

Tipo de intercambiador

Capacidade **Q**

Corpo quente M_1, C_1, t_{e1}

Corpo frio M_2, C_2, t_{e2}

Como, entretanto, o valor de K está vinculado ao tamanho do intercambiador que define as velocidades de deslocamento dos corpos em troca térmica, este dimensionamento só pode ser feito por tentativas.

Este cálculo porém, pode ser grandemente simplificado com o conceito do número adimensional de NUSSELT chamado de número de unidades de transferência NTU.

4.1.4 – NÚMERO DE UNIDADES DE TRANSFERÊNCIA NTU

A quantidade de calor trocada, por cada grau centígrado de diferença de temperatura, nos é dada pelo produto KS.

A quantidade de calor trocada, por cada grau centígrado de redução de temperatura do corpo quente, é M_1C_1.

A quantidade de calor trocada, por cada grau centígrado de aumento da temperatura do corpo frio, é M_2C_2.

Como, entretanto, o calor perdido pelo corpo quente é igual ao calor ganho pelo corpo frio, podemos escrever:

$$Q = M_1C_1(t_{e1} - t_{s1}) = M_2C_2(t_{s2} - t_{e2}) \qquad 4.2$$

Verifica-se que:

$$\frac{M_1C_1}{M_2C_2} = \frac{(t_{s2} - t_{e2})}{(t_{e1} - t_{s1})}$$

Se o intercambiador for de disposição ideal de contracorrente, a temperatura de saída do corpo quente ts_1 tenderá para a temperatura te_2 de entrada do corpo frio e, enquanto igualmente a temperatura de saída do corpo frio ts_2 tenderá para a temperatura de entrada do corpo quente te_1.

A máxima quantidade de calor que um intercambiador ideal de comprimento infinito poderia transmitir é a que resulta do esfriamento do corpo quente até a temperatura de entrada do corpo frio e do aquecimento do corpo frio até a temperatura de entrada do corpo quente.

Como as capacidades caloríficas MC dos dois corpos que trocam calor, geralmente não são iguais, estas duas condições não se verificam simultaneamente.

Assim, para o caso em que $M_1C_1 < M_2C_2$, a máxima transmissão de calor se verifica para $ts_1 = te_2$.

Daí surge o conceito de eficiência ε do intercambiador, que é a relação entre o calor que o mesmo realmente transmite e o calor máximo que um intercambiador ideal de superfície infinita poderia transmitir.

Assim, para o caso de $M_1C_1 < M_2C_2$, teríamos:

$$R = \frac{M_1C_1}{M_2C_2} = \frac{t_{s2} - t_{e2}}{t_{e1} - t_{s1}} \qquad 4.3$$

Para o caso de $M_2C_2 < M_1C_1$ relação semelhante poderia ser estabelecida.

Caso o corpo quente atingisse a menor temperatura do corpo frio, ou o corpo frio atingisse a maior temperatura do corpo quente, o valor de ε seria igual a 1.

Portanto, a eficiência de um intercambiador caracteriza o maior ou menor contato existente entre o corpo quente e o corpo frio, donde a designação de fator de contato Fc, dada à mesma por alguns autores.

A parcela de contato Fc corresponde a uma parcela de não contato ou By Pass F_{BP}, tal que para o caso acima teríamos:

$$F_{BP} = 1 - Fc = \frac{t_{s1} - t_{e2}}{t_{e1} - t_{e2}} \qquad 4.4$$

O processo de cálculo de intercambiadores, por meio do número de unidades de transferência NTU, consiste em relacionar:

$$\varepsilon = f(\mathrm{R}, \mathrm{NTU})$$

Onde R é o coeficiente de capacidades caloríficas:

$$\mathrm{R} = \frac{(MC)\ \text{menor}}{(MC)\ \text{maior}} \qquad 4.5$$

E o número de unidades de transferência NTU é o número adimensional de NUSSELT, característico de cada intercambiador, dado pela relação:

$$\mathrm{NTU} = \frac{\mathrm{K\,S}}{(MC)\ \text{menor}} \qquad 4.6$$

Consideremos, para isto, o caso mais simples de disposição eqüicorrente representado na Figura 4.2.

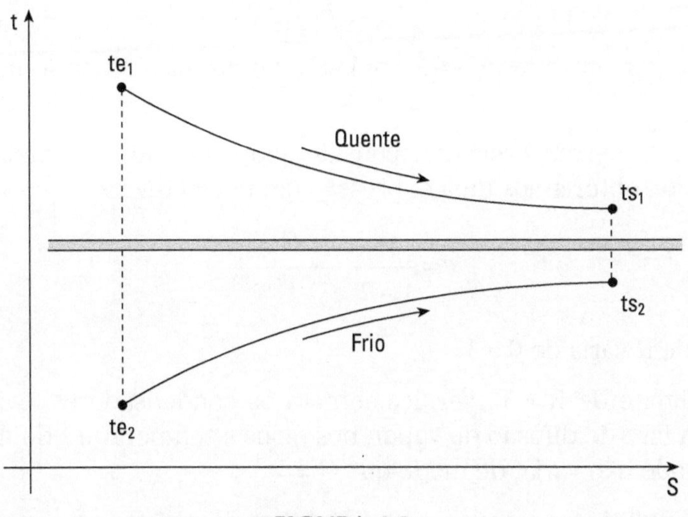

FIGURA 4.2

O calor em jogo, no caso, pode ser expresso pelas igualdades:

$$Q = \mathrm{K\,S}\ \frac{(t_{e1} - t_{e2}) - (t_{s1} - t_{s2})}{\ln \dfrac{(t_{e1} - t_{e2})}{(t_{s1} - t_{s2})}} = M_1 C_1 (t_{e1} - t_{s1}) = M_2 C_2 (t_{e2} - t_{s2})$$

De modo que, supondo $M_1C_1 < M_2C_2$, podemos fazer, como ficou estabelecido anteriormente:

$$R = \frac{M_1C_1}{M_2C_2} = \frac{(t_{s2} - t_{e2})}{(t_{e1} - t_{s1})}$$

$$\varepsilon = Fc = \frac{(t_{e1} - t_{s1})}{(t_{e1} - t_{e2})}$$

$$\text{NTU} = \frac{\text{K S}}{M_1C_1}$$

Donde:

$$\ln \frac{(t_{e1} - t_{e2})}{(t_{s1} - t_{s2})} = \frac{\text{K S}}{M_1C_1} \frac{(t_{e1} - t_{s1}) - (t_{e2} - t_{s2})}{(t_{e1} - t_{s1})} = \text{NTU } (1 + \text{R})$$

Ou ainda, fazendo:

$$1 - \varepsilon(1 + \text{R}) = \frac{(t_{s1} - t_{s2})}{(t_{e1} - t_{e2})}$$

Obtemos finalmente:

$$\varepsilon = \frac{1 - e^{-\text{NTU}(1+\text{R})}}{1 + \text{R}} \tag{4.7}$$

Fazendo, por outro lado, $M_1C_1 > M_2C_2$, obteríamos ainda a mesma expressão.

Mediante o mesmo proceder, considerando um intercambiador com fluxo contracorrente, obteríamos uma expressão um pouco diversa:

$$\varepsilon = \frac{1 - e^{-\text{NTU}(1-\text{R})}}{1 - \text{R } e^{-\text{NTU}(1-\text{R})}} \tag{4.8}$$

O valor de R varia de 0 a 1.

O valor-limite de R = 0, verifica-se para os condensadores, evaporadores e secadores na fase de difusão do vapor, nos quais a temperatura do fluido em mudança de estado não varia, de modo que $C = \infty$.

Nestas condições, as equações 4.7 e 4.8 se identificam e assumem a forma simplificada:

$$\varepsilon = 1 - e^{-\text{NTU}} \tag{4.9}$$

Quando um intercambiador não tem uma disposição de fluxo definida, não podendo ser classificado como eqüicorrente ou como contracorrente, a diferença de temperatura média logarítmica deve ser corrigida por um fator de correção F.

Como, entretanto, este fator de correção pode ser determinado experimentalmente em função ε e R para cada disposição adotada, podemos igualmente fazer para cada uma delas:

$$\text{NTU} = f(F, \varepsilon, \text{R}) \quad 4.10$$

A Figura 4.3 relaciona os valores de ε com R e NTU para os intercambiadores de fluxos definidos eqüicorrentes, a Figura 4.4 relaciona os valores de ε com R e NTU para os intercambiadores de fluxos definidos contracorrentes, enquanto a Figura 4.5 relaciona estes valores para os intercambiadores de fluxo cruzado.

Para os intercambiadores de fluxo diversos destes, diagramas semelhantes podem ser elaborados.

Para maiores detalhes procure a bibliografia – Costa, Ennio Cruz da – Transmissão de Calor – Editora Meridional EMMA – Porto Alegre – 1967.

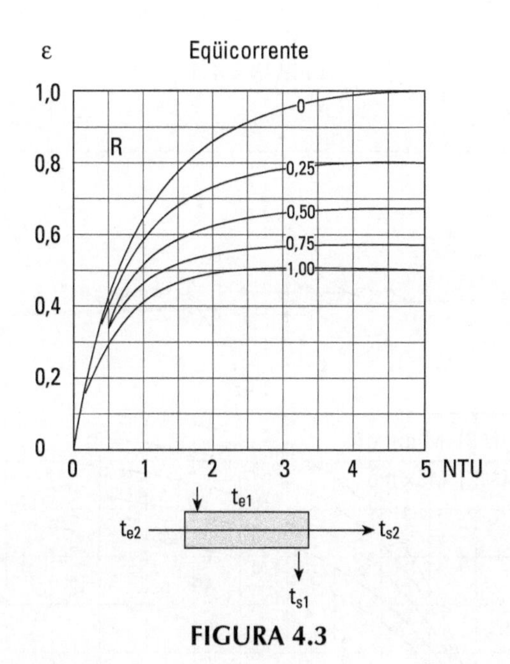

FIGURA 4.3

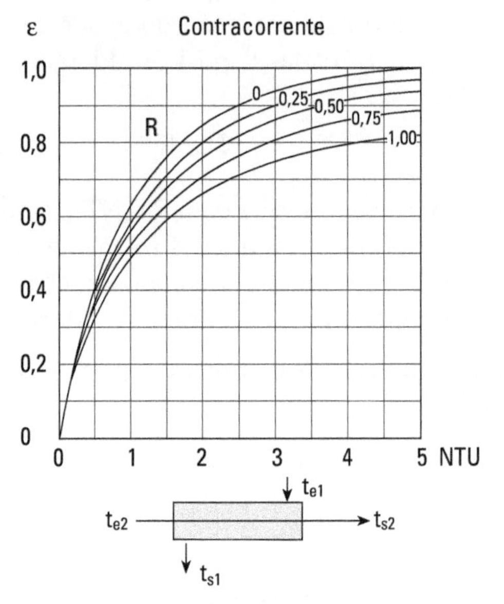

FIGURA 4.4

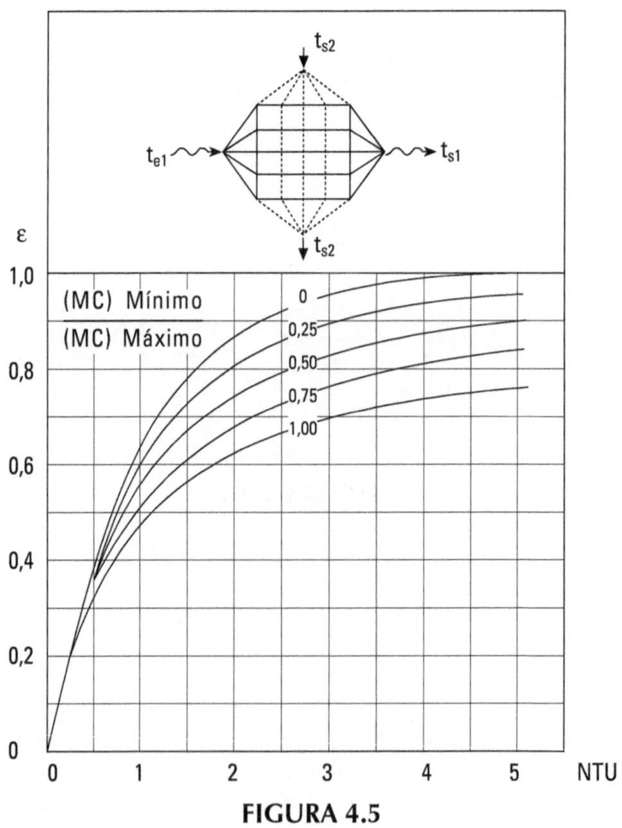

FIGURA 4.5

4.1.5 – CÁLCULO DE UM SECADOR A AR QUENTE

Os secadores a ar quente podem ser considerados como intercambiadores de calor, onde o corpo quente é o ar aquecido e o corpo frio, o material a secar.

No processo de secagem por meio do ar quente, verificam-se três fases distintas:

- Aquecimento inicial do material, até a temperatura do termômetro úmido t_u do ar de secagem, durante o qual a evaporação da umidade é bastante discreta.
- A secagem propriamente dita, a qual se verifica praticamente à temperatura constante t_u.
- O eventual superaquecimento final do material, acima da temperatura t_u.

Quando não se deseja a eliminação total da umidade do material, ou mesmo no caso de secadores rigorosamente projetados, esta última fase inexiste.

De uma maneira geral, os secadores a ar quente para uma boa eficiência do processo de secagem devem apresentar:

- Uma superfície adequada para um contato suficiente entre o ar aquecido e o material a secar.
- Uma boa uniformidade na distribuição do ar que flui em contato com o material.
- Uma fácil circulação do ar, a fim de evitar perdas de cargas excessivas.

O cálculo de um secador a ar quente envolve as seguintes grandezas:

Do material – M_M, C_M, U_{inicial}, U_{final}
Do vapor d'água – M_V, C_V, r
Do ar – M_{ar}, Cp_{ar}, δ_{ar}, t_a, $\varphi_a, x_{a,}$ t_{e1} t_{s1}, t_u, p, p_v, p_s, φ_s, x_s
Do secador - ε, R, NTU, K, S, Perdas, Dimensões

De uma maneira geral, o cálculo de um secador a ar quente consiste em determinar a quantidade de ar necessária para a secagem e as dimensões a adotar para o equipamento, quando se dispõe dos seguintes elementos:

DADOS

Material a secar:

Sólido em peças, granulado, suspensão ou solução.
Natureza, textura, massa específica, calor específico, umidade inicial Ui e umidade final Uf.
Produção M_M kg/h.

Com o que se pode avaliar a massa total de vapor d'água a ser retirada:

$$M_V = M_M(Ui - Uf) \text{ kg/h}$$

Condições ambientes: t_a, φ_a, tanto para o inverno como para o verão, lembrando que, quando a umidade relativa no verão é muito elevada, a capacidade de secagem, para uma mesma vazão de ar de projeto, fica reduzida.

ARBITRADOS

O tipo de secador a adotar, seja descontínuo ou contínuo.

Escolha da temperatura máxima compatível com o material a secar $t_{e1} = t_{\max}$ e eventualmente o tempo de secagem recomendado τ.

Estabelecer a disposição geométrica e o tamanho, necessários para garantir a permanência do material no secador, face ao tempo de secagem recomendado, o que, na maioria dos casos, implica em estabelecer uma superfície S de interface ar–material, a qual necessariamente deve ser aquela compatível com a transmissão de calor desejada.

A solução mais simples para conseguir os valores desejados está nos balanços térmicos, geral ou parcial do processo.

Assim, o balanço térmico geral de todo o processo nos permite apropriar mais facilmente grandezas comuns a ambas as fases, como ocorre com a quantidade de ar M_{ar} em circulação, nos secadores contínuos.

Já o balanço térmico parcial de cada fase da operação nos permite apropriar grandezas específicas de cada uma delas, seja o tempo de duração ou a superfície de intercâmbio de calor.

Assim, o balanço térmico parcial é o normal nos secadores descontínuos, já que as fases de aquecimento do material e a fase da secagem propriamente dita ocorrem praticamente em tempos distintos.

Nos secadores contínuos, por sua vez, conforme veremos, ocorre uma interação entre as fases, de tal forma que o calor de aquecimento do vapor auferido pelo ar durante a fase de evaporação é em parte devolvido na fase de aquecimento do material, e o calor de aquecimento do material úmido adquirido na fase de aquecimento contribui para a formação do vapor na fase de evaporação, de modo que, em termos de transmissão de calor, um balanço térmico parcial se torna obrigatório para a apropriação mais exata das superfícies S de intercambio de calor de cada uma destas fases.

A maneira mais racional de fazer a análise matemática do processo de secagem por meio de ar quente é o uso do conceito de entalpia do ar úmido, o qual é grandemente facilitado pela carta psicrométrica (Figura 4.6).

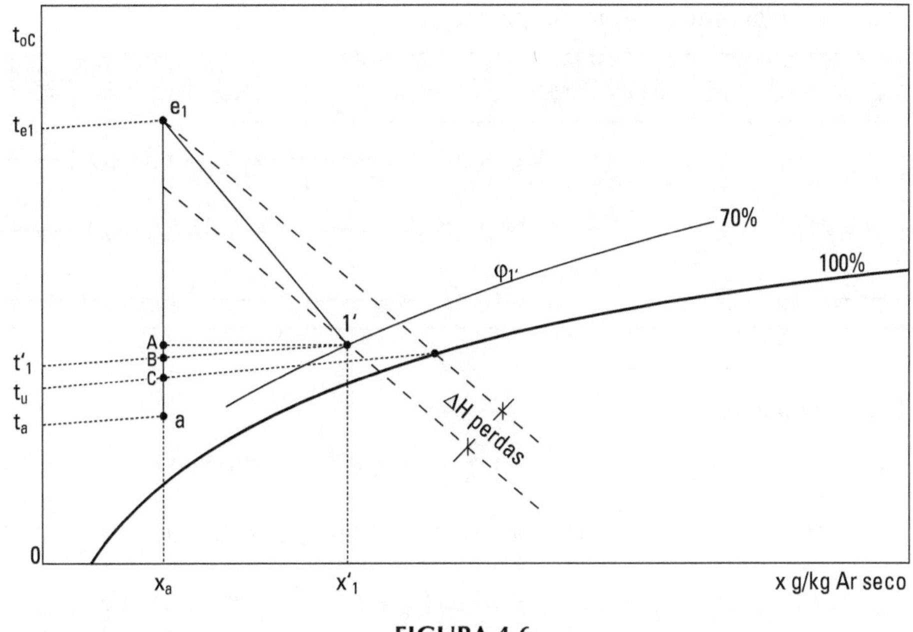

FIGURA 4.6

Efetivamente, na passagem do ar pelo secador, durante a fase de secagem propriamente dita, caso não houvesse perdas, o mesmo sofreria uma saturação adiabática, a qual verificando-se a uma pressão constante, seria igualmente uma isentálpica.

Na realidade, em vista das perdas por transmissão de calor através das paredes do secador nesta fase, a linha que caracteriza esta operação na carta psicrométrica se afasta da isentálpica de um valor ΔH_{PERDAS}, correspondente a estas perdas.

Nestas condições, considerando a temperatura no fim desta fase como $t_{1'}$, podemos traçar na carta psicrométrica a linha de secagem característica desta fase e ler na mesma os valores das grandezas necessárias para a elaboração do balanço térmico desejado, o qual é facilitado devido ao fato de que $M_V = M_{ar}/(x_{1'} - x_a)$ kg/h.

Assim, chamando as massas em deslocamento e seus respectivos calores específicos, do material úmido M_{MU}, C_{MU} e do material seco M_{MS}, C_{MS} e lembrando que:

1 – As entalpias são referidas à origem ($t_0 = 0$°C, $x_0 = 0$, $r_0 = 597{,}24$ kcal/kg);

2 – Entre as fases de aquecimento do material úmido e secagem propriamente dita, existe uma interação:

Da fase secagem para a de aquecimento – Vapor $M_V\ (t_{1'})$
Da fase de aquecimento para a de secagem – Água $M_V\ (t_u)$

Podemos elaborar o esquema que segue:

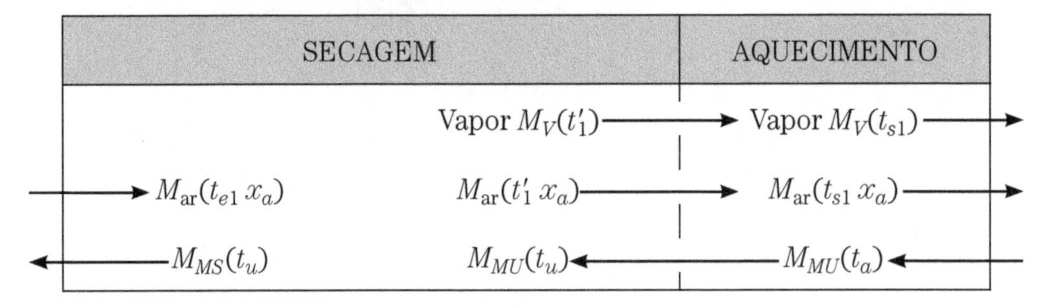

Onde (equações 4.11):

$$H_{e1} = (Cp_{\text{ar médio}} + 0,45x_a)t_{e1} + x_a r_0 \text{ kcal/kg ar seco} \quad 4.11$$

$$H_{1'} = (Cp_{\text{ar médio}} + 0,45x_a)t_{1'} + \Delta x(r_0 + 0,45\ t_{1'}) \text{ kcal/kg ar seco} \quad 4.11$$

$$H_{s1} = (Cp_{\text{ar médio}} + 0,45x_a)t_{s1} + \Delta x(r_0 + 0,45\ t_{s1}) \text{ kcal/kg ar seco} \quad 4.11$$

$$Q_{MU} = M_{MU}C_{MU}t_a = (M_{MS}C_{MS} + M_V)t_a \text{ kcal/h} \quad 4.11$$

$$Q_{MS} = M_{MS} = C_{MS}t_u \text{ kcal/h} \quad 4.11$$

Ou ainda, de acordo com a Figura 4.6:

$$Q_{\text{ar}} = M_{\text{ar}}(H_{e1} - H_a) = M_{\text{ar}}(Cp_{\text{ar médio}} + 0,45\ x_a)(t_{e1} - t_a) \text{ kcal/h}$$
$$Q_{\text{perdas}} = M_{\text{ar}}(H_{e1} - H_B) = M_{\text{ar}}\Delta H \text{ kacl/h}$$
$$Q_{\text{lat. vapor}} = M_{\text{ar}}(H_B - H_A) = M_{\text{ar}}(H_{1'} - H_A) = M_V r_0 \text{ kcal/h}$$
$$Q_{\text{sensível vapor}} = M_{\text{ar}}(H_A - H_B) = M_{\text{ar}}0,45\ t_{1'} \text{ kcal/h}$$
$$Q_{\text{material úmido}} = M_{\text{ar}}(H_B - H_C) = M_{MU}C_{MU}(t_u - t_a) \text{ kcal/h}$$
$$Q_{\text{ar inicial saída}} = M_{\text{ar}}(H_C - H_a) = M_{\text{ar}}(Cp_{\text{ ar médio}} + 0,45)(t_{s1} - t_a) \text{ kcal/h}$$

De modo que podemos fazer o BALANÇO GERAL:

$$H_{e1} + H_{MU} = H_{s1} + H_{MS} + \Delta H \quad \text{ou ainda} \quad H_{e1} - H_{s1} = H_{MS} - H_{MU} + \Delta H \quad 4.12$$

Ou seja, para

$$M_{MU} - M_{MS} = M_V \quad \text{e} \quad M_{MU}C_{MU} - M_{MS}C_{MS} = M_V \cdot 1$$
$$M_{\text{ar}}\left[(Cp_{\text{ar médio}} + 0,45x_a)(t_{e1} - t_{s1})\right] - M_V(r_0 + 0,45\ t_{s1}) =$$
$$= M_{MS} = C_{MS}(t_u - t_a) - M_V t_a + \text{perdas}$$

Ou ainda, fazendo $M_V t_a = M_V\ (0,55\ t_a + 0,45\ t_a)$ e $r_0 - 0,55\ t_a = r_a$, obtemos:

$$M_{ar}\left[(Cp_{\text{ar médio}}+0,45x_a)(t_{e1}-t_{s1})\right]=M_V\left[r_a+0,45(t_{s1}-t_a)\right]+$$
$$+M_{MS}C_{MS}(t_u-t_a)+\text{ perdas} \qquad 4.13$$

Isto é, o calor do ar inicial (t_a x_a) aquecido, opera entre as temperaturas t_{e1} e t_{s1}, vaporizando a umidade e aquecendo-a até t_{s1}, a partir da água à temperatura t_a e aquece o material seco até a temperatura de saída t_u, além de entreter as perdas.

Por outro lado, podemos dizer que o rendimento térmico deste processo de secagem que adota o ar aquecido nos seria dado pelo calor realmente aproveitado na evaporação da umidade que vale simplesmente $M_V\, r_a$ (como na secagem natural), sobre o calor consumido no aquecimento do ar, cujo valor é $M_{ar}Cp_{\text{ar úmido}}$ $(t_{e1}-t_a)$:

$$\eta t_{\text{secador}}=\frac{M_V r_a}{M_{ar}(Cp_{\text{ar médio}}+0,45x_a)(t_{e1}-t_a)}=\frac{M_V(r_0-0,55t_a)}{M_{ar}(H_{e1}-H_a)} \qquad 4.14$$

Já no BALANÇO TÉRMICO PARCIAL, onde surge a temperatura intermediária $t_{1'}$, que deve ser levada em conta para separar as duas fases, teremos:

$$H_{e1}+H_{MU}=H_{1'}+H_{MS}+\Delta H \quad \text{ou ainda} \quad H_{e1}-H_{1'}=H_{MS}-H_{MU}+\Delta H \qquad 4.15$$

Só que nesta fase a entalpia do material úmido passou a ser $M_{MU}\, C_{MU}\, t_u$, devido ao aquecimento da fase anterior, de modo que:

$$M_{ar}\left[(Cp_{\text{ar médio}}+0,45x_a)(t_{e1}-t_{1'})\right]-M_V(r_0+0,45t_{1'})=-M_V t_u+\text{ perdas}$$

Ou ainda fazendo $M_V\, t_u = M_V(0,55 + 0,45\, t_u)$ e $(r_0 - 0,55\, t_u) = r_u$:

$$M_{ar}\left[(Cp_{\text{ar médio}}+0,45x_a)(t_{e1}-t_{1'})\right]=M_V\left[r_a+0,45(t_{1'}-t_u)\right]+\text{ perdas} \qquad 4.16$$

Como é fácil notar, aparece nesta fase além do material úmido préaquecido que facilita a vaporização (r_u e 0,45 t_u), uma parcela adicional $\Delta Q = M_V\, 0,45\, (t_{1'} - t_{s1}) = M_{ar}(x_{1'} - x_a)\, 0,45\, (t_{1'} - t_{s1})$ que não consta do balanço geral, a qual é restituída na fase de aquecimento do material úmido, isto é (usando o calor específico do ar inicial corrigido com o acréscimo de umidade Δx):

$$Q_{\text{fase aq. MU}}=M_{ar}Cp_{\text{ar médio c/x}_{1'}}(t_{1'}-t_{s1})=M_{MU}C_{MU}(t_u-t_a)+\text{ perdas} \qquad 4.17$$

Ou ainda, adotando a correção ΔQ citada acima:

$$Q_{\text{fase aq. MU}}=M_{ar}Cp_{\text{ar médio c/x}_a}(t_{1'}-t_{s1})=M_{MU}C_{MU}(t_u-t_a)-\Delta Q+\text{ perdas} \qquad 4.17$$

Por uma questão de comodidade de cálculo, é usual arbitrar as perdas por transmissão de calor através das paredes do secador, como um percentual do calor envolvido em cada uma das fases, percentual este que pode variar de 8% a 20%.

Observação: É importante salientar que o calor do material à saída do secador se refere a um material seco (*MS*) ou com umidade reduzida, enquanto o aquecimento do material durante o processo se refere a um material úmido (*MU*).

Todas as quantidades de calor que fazem parte destes balanços podem ser calculadas graficamente, a partir de uma carta psicrométrica adequada (Figura 4.6).

O calor específico médio do ar úmido (incluindo a umidade) é calculado para cada caso pela expressão:

$$Cp_{\text{ar médio c/x}} = 0,237 + 0,0000366\, t/2 + 0,45x \text{ kcal/°C kg ar seco + umidade} \quad 4.18$$

Enquanto o calor latente de evaporação que vale 597,24 kcal/kg a 0°C, nas fórmulas apresentadas, vale respectivamente:

$$r_a = r_0 - 0,55t_a = 507,24 - (1 - 0,45)t_a \text{ kcal/kg}$$
$$r_u = r_0 - 0,55t_u = 597,24 - (1 - 0,45)t_u \text{ kcal/kg} \quad 4.18$$

Já que o calor da evaporação é favorecido pela água aquecida à temperatura t_a na análise do balanço geral e aquecida à temperatura t_u na análise do balanço parcial da fase de secagem propriamente dita.

Finalmente, podemos fazer o dimensionamento do secador, calculando a superfície de intercâmbio de calor para cada uma de suas fases, a partir da expressão geral

$$Q_{\text{fase}} = \text{K S}_{\text{fase}} \Delta t_{\text{ln}} \text{ kcal/h} \quad 4.19$$

Onde o coeficiente geral de transmissão de calor K no caso assume a característica de um coeficiente de condutividade externa (coeficiente de película) α, que define a transmissão de calor na interface ar quente-material a secar.

De acordo com o estudo da difusão do vapor d'água (item 2.7), para uma saturação adiabática do ar, verifica-se:

$$\text{K}' = 28 + 21,3\, c_{\text{ar}} \text{ m/s} = \frac{\alpha}{Cp_{\text{ar}}}$$

Isto é:

$$\text{K} = \alpha = Cp_{\text{ar}}(28 + 21,3\, c_{\text{ar}} \text{ m/s}) =\sim (6,72 + 5,11\, c_{\text{ar}} \text{ m/s}) \text{ kcal/m}^2 \text{ h°C}$$

Na realidade, devido a fatores diversos, como a migração da umidade (veja atividade de água no item 3.1.2) ou a transmissão de calor em regime não permanente que se verifica no interior do material a secar, PERRY recomenda adotar valores de α bastante menores, que variam apenas de 3 a 5 kcal/m^2 h°C.

De modo que a partir do produto KS podemos calcular S.

Este cálculo das superfícies de transmissão de calor S da interface material a secar–ar pode ser feito a partir do conceito do Número de Unidades de Transferência (Figuras 4.3, 4,4 e 4.5), onde:

$$\mathrm{NTU} = \frac{\mathrm{K\,S}}{M_{\mathrm{ar}} Cp_{\mathrm{ar}}} = f(\varepsilon, \mathrm{R})$$

Finalmente, é importante lembrar que a superfície de transmissão de calor S calculadas deve ser igual àquelas imaginadas inicialmente para a acomodação do material no secador, afim de permitir um tempo de permanência no mesmo τ igual ao recomendado, caso contrário as dimensões do secador deverão ser reavaliadas, adequando-as a este novo valor de S.

Como verificação final, devemos calcular as perdas térmicas reais de transmissão de calor, as quais nos são dadas pela expressão geral:

$$Q_{\mathrm{perdas}} = \mathrm{K\,S}\,\Delta t = \mathrm{K\,S}\left(\frac{t_1 + t_{1'}}{2} - t_a\right) \mathrm{kcal/h}$$

E as quais são específicas de cada fase.

CAPÍTULO 5

SECADORES A AR QUENTE DESCONTÍNUOS

Os secadores descontínuos trabalham com uma carga de material a secar fixa (batelada), alojada em câmaras de secagem (tijolos, cerâmicas, fumo, tecidos, etc.) ou em silos de seção circular ou retangular, com entrada do ar quente pela parte inferior ou mesmo por conduto vertical venezianado colocado na parte central, usados na secagem de cereais ou materiais granulados de uma maneira geral (Figuras 5.1 e 5.1a).

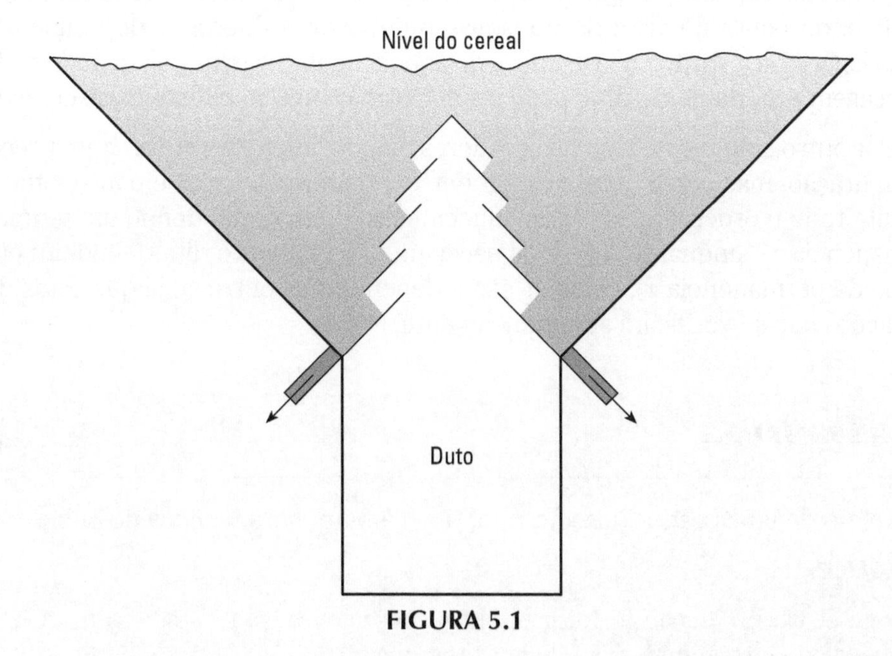

FIGURA 5.1

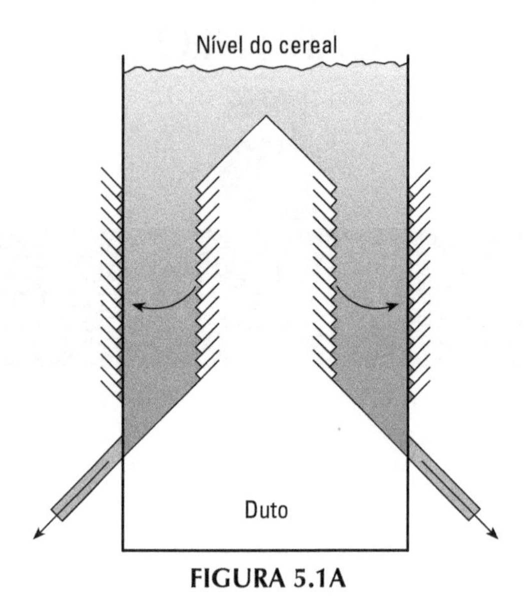

FIGURA 5.1A

Neste tipo de secadores, verifica-se que:

Durante a secagem propriamente dita, o ar à saída torna-se bastante quente (t'_1) e com umidade elevada.

Na parte final do processo, a temperatura tende a aumentar e a umidade relativa a diminuir, indicando que a secagem pode ser interrompida.

Nos secadores descontínuos ou intermitentes, como o material a secar se mantém fixo, do ponto de vista da transmissão de calor, a diferença de temperatura média logarítmica, tanto na fase inicial do aquecimento do material, quando na fase de secagem propriamente dita, pode ser calculada como se o fluxo fosse cruzado.

Por outro lado, neste tipo de secadores o aquecimento praticamente precede a evaporação, mas como a interface S entre o material a secar e o ar é a mesma durante todo o processo, a fase de aquecimento do material define um tempo de permanência τ_a, enquanto a fase de secagem propriamente dita define um outro tempo de permanência τ_e, os quais são independentes entre si, já que estas duas operações não se verificam simultaneamente.

EXEMPLO 5.1

Projeto de um secador descontínuo, tipo câmara, para meadas de linho.

***DADOS*:**

Trata-se de um secador, intermitente tipo câmara, para a secagem de 28 meadas de linho úmidas de 1,5 kg cada uma.

O tempo de secagem, de acordo com a Tabela 3.2, é da ordem de 10 horas e a temperatura máxima a adotar para o ar aquecido, 80°C.

O calor específico do material C_M é igual a 0,50 kcal/kg°C e sua umidade inicial Ui é igual a 20%.

O que nos permite determinar:

$$M_M = \frac{28 \times 1,5 \text{ kg}}{10 \text{ h}} = 4,2 \text{ kg/h}$$

$$M_V = 0,2 \times 4,2 \text{ kg/h} = 0,84 \text{ kg/h}$$

As condições ambientes mais desfavoráveis a considerar são:

$$t_a = 20°\text{C}$$

$$\varphi_a = 100\%$$

$$p = 760 \text{ mm Hg}$$

ARBITRADOS:

O secador será constituído de uma câmara estática para acomodar os 42 kg das 28 meadas úmidas, dispostas em tendal com as dimensões de planta 1,20 m × 2,10 m com 1,80 m de altura, perfazendo uma superfície total de separação com o ar exterior de 14,40 m^2.

Com esta disposição, considerando as meadas de 0,8 m de comprimento e 0,16 m de largura, colocadas em tendais de 2 andares, podemos imaginar uma superfície S de contato ar de secagem – material a secar de cerca de 7,2 m^2 (Figura 5.2).

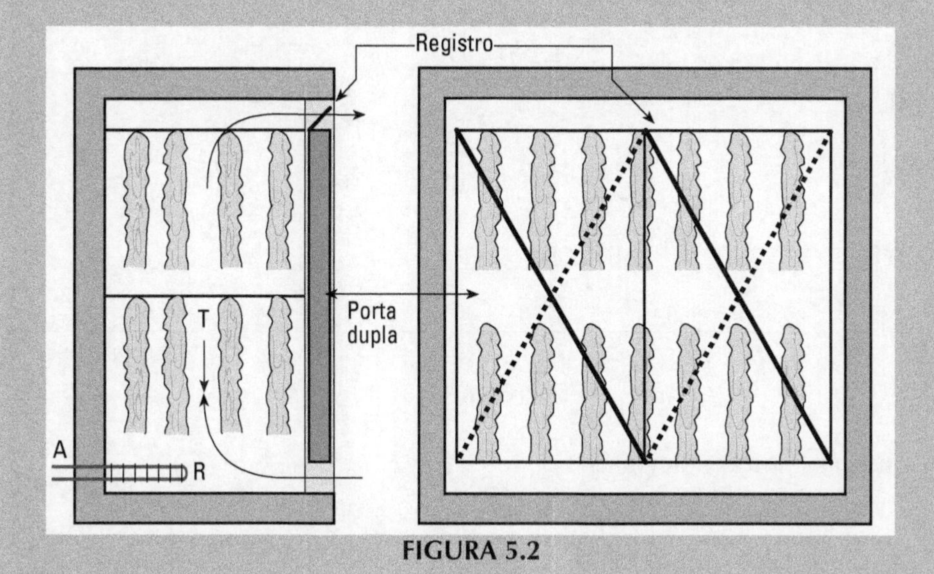

FIGURA 5.2

As perdas por transmissão de calor através das paredes consideraremos como sendo 20% do calor de aquecimento do ar de secagem.

Como segurança, devido ao contato precário do ar de secagem com o material a secar disposto em tendal, fixaremos a umidade relativa do ar à saída do secador como $\varphi_f = 60\%$.

Nestas condições, com os elementos disponíveis, podemos registrar na carta psicrométrica o aquecimento e a linha isentálpica teórica de secagem seguida pelo ar (Figura 5.3).

Donde as seguintes leituras:

Ponto a: $t_a = 20°C$, $H_a = 14{,}1$ kcal/kg
Ponto 1: $t_{e1} = 80°C$, $H_1 = 28{,}8$ kcal/kg, $x_{1'} = 15{,}1$ g/kg ar seco

E podemos calcular:

$$\Delta H_{\text{PERDAS}} = 0{,}20\ (H_{e1} - H_a) = 0{,}20\ (28{,}8 - 14{,}1) = 2{,}94 \text{ kcal/kg ar seco}$$

Com este valor, podemos registrar na Figura 5.3 as características do ar ao longo do processo de secagem, determinando a temperatura do termômetro seco e a temperatura do termômetro úmido de saída do mesmo.

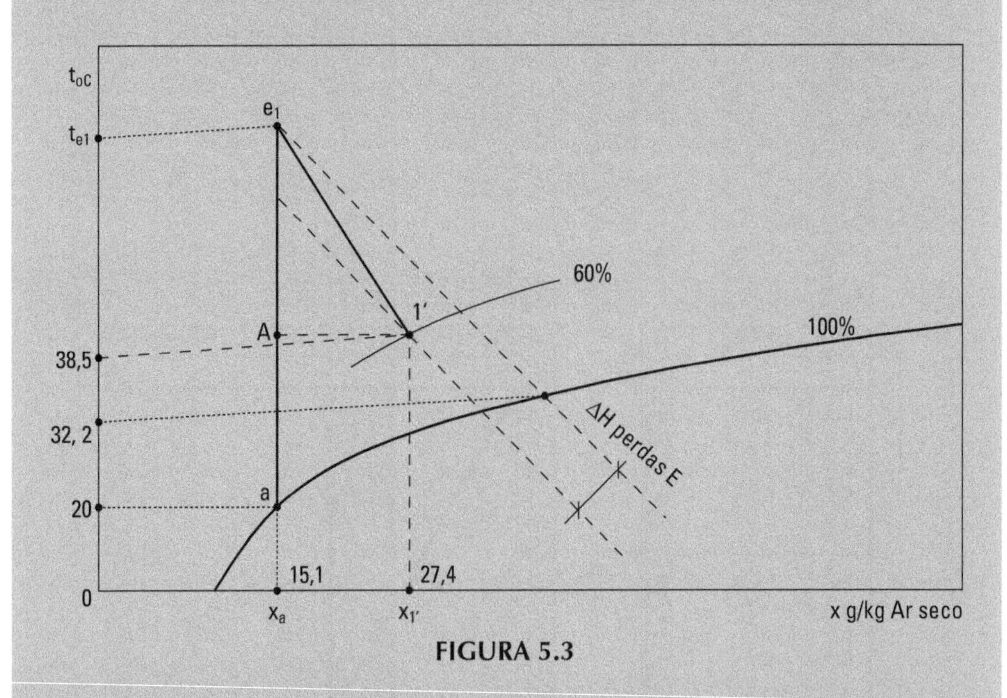

FIGURA 5.3

Donde as leituras adicionais:

Ponto 1': $H_{e1} = 25{,}86$ kcal/kg ar seco,
$t_{1'} = 38{,}3°C$, $x_{1'} = 27{,}4$ g/kg ar seco

Ponto de saturação: t_u = 33,2°C
Ponto A: H_A = 18,51 kcal/kg ar seco (leitura efetuada na horizontal)

De modo que podemos finalmente calcular:

$$M_{ar} = \frac{M_V}{x_{1'} - x_a} = \frac{0,84 \text{ kg/h}}{0,0274 - 0,0151} = 68,29 \text{ kg ar seco/h}$$

E igualmente:

$$Q_{ar} = M_{ar}(H_{e1} - Ha) = 68,29(28,8 - 14,1) = 1.003,90 \text{ kcal/h}$$

$$Q_{perdas} = 0,20 \times 1.003,90 = 200,78 \text{ kcal/h}$$

$$Q_{lat.\ vapor} = M_{ar}(H_{1'} - H_A) = 68,29(25,86 - 18,51) = M_V r = 501,93 \text{ kcal/h}$$

$$Q_{ar\ saída\ sensível} = M_{ar}(H_A - H_a) = 68,29(18,51 - 14,1) = 301,16 \text{ kcal/h}$$

E de acordo com o item 4.1.5, equação 4.14, o rendimento térmico de todo o processo:

$$\eta_{secagem} = \frac{Q_{ev.}}{Q_{ar}} = \frac{M_V r_a}{M_{ar}(H_{e1} - H_a)} = \frac{M_V(r_0 - 0,55t_a)}{1.003,90} =$$

$$= \frac{0,84 \times 586,24}{1.003,90} = 0,49 \ (49\%)$$

VERIFICAÇÃO

Como verificação final, podemos calcular as perdas térmicas reais do secador:

Aquecimento de todo o material acomodado no secador, desde a temperatura inicial t_0 até a temperatura do termômetro úmido do ar à saída do secador t_u:

$$Q_M = M_M 10\text{h}\ C_M(t_u - t_a) = 42 \times 0,50(33,2 - 20) = 277,20 \text{ kcal}$$

Enquanto as perdas por transmissão de calor através das paredes laterais e forro da câmara de secagem, nos são dadas por:

$$Q_{transmissão} = \text{K S } \Delta t = \text{K S}\left(\frac{t_{e1} + t_{1'}}{2} - t_a\right)$$

Onde o coeficiente geral de transmissão de calor K depende do tipo de superfície de separação da câmara para o exterior adotada.

Assim, considerando uma parede de separação constituída por duas estruturas de madeira de 25 mm de espessura separadas por uma camada de 100 mm de lã de vidro, teríamos:

$$K = \frac{1}{\frac{1}{\alpha_1} + \frac{l_{mad}}{k_{mad}} + \frac{l_{isol}}{k_{isol}} + \frac{l_{mad}}{k_{mad}} + \frac{1}{\alpha_2}}$$

Onde fazendo:

$$\alpha_1 = \alpha_2 = 7 \text{ kcal/m}^2 \text{ h°C}$$

$$k_{mad} = 0,15 \text{ kcal/m h°C}$$

$$k_{isol} = 0,045 \text{ kcal/m h°C}$$

Obtemos: K = 0,352 kcal/m^2 h°C

E igualmente:

$$Q_{transmissão} = 0,352 \times 14,4 \left(\frac{80 + 39,3}{2} - 20 \right) = 200,98 \text{ kcal/h}$$

Valor praticamente igual ao arbitrado inicialmente.

Como as perdas de calor pelas paredes é superior a 10 kcal/m^2 h, valor considerado pela técnica como o tolerável, poderíamos eliminar esta discrepância, aumentando-se levemente a espessura do isolamento de lã de vidro, o que consideramos desnecessário.

Por outro lado, cabe uma verificação da superfície de contato S, necessária para as trocas térmicas entre o ar quente e o material a secar, a qual ficou fixada face à acomodação inicial do material na câmara de secagem em 7,2 m^2.

A primeira fase de aquecimento de todo o material acomodado no secador, na realidade, precede a fase de secagem propriamente dita e é independente desta.

Assim, considerando o calor transmitido nesta fase que, conforme vimos, é de 277,2 kcal, e adotando-se para K o valor mínimo recomendado por PERRY, podemos calcular, de uma maneira aproximada, para a superfície de contato entre o material a secar e o ar, estimada inicialmente, o tempo necessário para este aquecimento:

$$Q \text{ kcal/h} =\sim K\, S\, \Delta t = 3 \text{ kcal/m}^2 \text{ h°C} \times 7,2 \text{ m}^2 \left(80°C + - \frac{20°C + 33,2°C}{2} \right)$$

$$Q \text{ kcal/h} =\sim 1.153,44 \text{ kcal/h}$$

E o calor necessário será transferido em apenas:

$$\tau = \frac{277,2 \text{ kcal}}{1.153,44 \text{ kcal/h}} = 0,240 \text{ hora (15 minutos)}$$

E, portanto, sem implicações ponderáveis no tempo de secagem previsto.

Na segunda fase, que é a secagem propriamente dita, como se trata de um secador descontínuo, no qual portanto o material a secar não se desloca, o fluxo pode ser considerado como transversal, mas como, por outro lado, nesta fase a temperatura do material é constante (t_u), a diferença de temperatura média logarítmica Δt_{ln} é independente deste fluxo.

Nestas condições, é preferível verificar o valor da superfície S de intercâmbio de calor, por meio da equação direta 4.1:

$$Q = \text{K S } \Delta t_{ln} = \text{K S } \frac{(t_{e1} - t_u) - (t_{1'} - t_u)}{\ln \frac{t_{e1} - t_u}{t_{1'} - t_u}}$$

$$Q = \text{K S} \frac{(80°\text{C} - 33,2°\text{C}) - (39,3°\text{C} - 33,2°\text{C})}{\ln \frac{46,8°\text{C}}{6,1°\text{C}}} = \text{K S } 25,51°\text{C}$$

Finalmente, considerando que o coeficiente de transmissão de calor geral K, que no caso assume a característica de um coeficiente de condutividade externa α da interface ar quente – material a secar, seja constante ao longo do secador e, de acordo com o item 4.1.5, igual a 4 kcal/m^2 h°C, valor conservativo médio proposto por PERRY, obtemos:

$$\text{S} = \frac{509,44 \text{ kcal/h}}{4 \text{ kcal/m}^2 \text{ h°C} \times 25,51°\text{C}} = 6,38 \text{ m}^2$$

Valor este inferior àquele que resultou da acomodação inicial do material a secar durante as **10 horas** previstas.

Observação: Tanto esta área de interface adotada a mais (S = 7,2 m^2), como qualquer acréscimo que na realidade ocorra, na umidade relativa arbitrada como mínima para o ar no final do processo φ_f = 60%, ou no valor médio de K = α = 4 kcal/m^2 h°C indicado por PERRY resultarão, caso a migração da umidade no interior do material o permita, numa redução do tempo de secagem previsto, o que caracteriza a grande margem de segurança do cálculo efetuado.

Como elementos adicionais poderíamos definir o equipamento de aquecimento e a movimentação do ar quente, cujas características serão:

Aquecimento de 1003,90 kcal/h
Ar ambiente em movimento 68,29 kg ar seco/h

Como se trata de quantidades muito pequenas, a solução seria:

O aquecimento por meio de 4 resistências elétricas R de 300 W cada uma, localizadas na parte inferior da estufa.

A movimentação do ar seria feita por termossifão, mantendo-se tanto na entrada do ar (parte inferior) como na saída (parte superior) rasgos em toda a largura da estufa, de 15 cm de altura.

Um registro na saída do ar permitirá fixar a temperatura do ar aquecido na base da estufa em 80°C (Figura 5.2).

EXEMPLO 5.2

Projeto de um secador descontínuo tipo câmara para fumo em folhas

A secagem do fumo em folhas é uma operação bastante delicada. Ela é efetuada normalmente em três fases distintas:

A AMARELAÇÃO, na qual a temperatura do ar de secagem não deve exceder mais do que 3°C à temperatura do ar ambiente, e que termina quando as folhas de fumo estão murchas e amareladas.

A SECAGEM DAS LÂMINAS, operação que leva cerca de 50 horas e na qual a temperatura do ar de secagem deve ser elevada gradativamente a intervalos regulares de 38°C para 65°C durante as primeiras 25 horas, para, a seguir, manter-se constante nos 65°C.

A SECAGEM DO TALO, na qual a temperatura pode ser elevada até o limite máximo de 73°C.

Todo este processo de secagem pode levar cerca de 70 a 90 horas.

A secagem do fumo na região rural do Brasil normalmente é feita em estufas tipo câmara de forma cúbica de aresta de aproximadamente 5 metros, de construção rústica executada em alvenaria de tijolos de 15 cm (Figura 5.4)

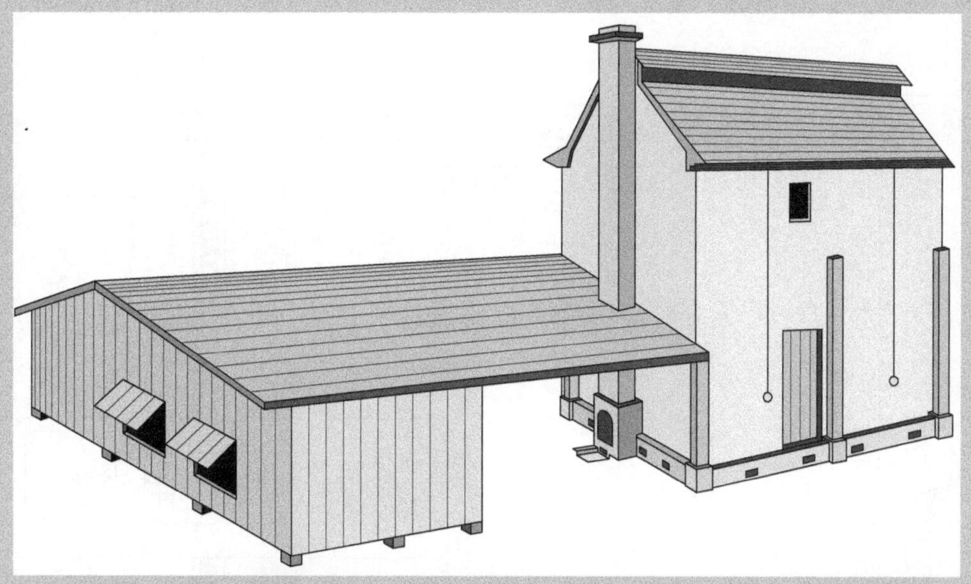

FIGURA 5.4

Estas estufas permitem alojar cerca de 2.500 kg de fumo em folhas, colocadas em 440 varas, dispostas em 5 estaleiros, distanciados entre si verticalmente de 65 cm.

O combustível adotado é lenha, a qual queima em fornalha também de alvenaria, situada no centro da parede frontal.

Os gases da combustão percorrem dutos horizontais de chapa de ferro (intercambiador de calor), formando dois retângulos na base da estufa e saem por chaminé situada exatamente acima da fornalha (Figura 5.5).

A movimentação do ar é natural por termossifão.

Ele entra próximo ao chão (abaixo dos dutos de aquecimento que constituem o intercambiador Figura 5.6) por meio de 16 suspiros de 14 cm por 25 cm e sai na cobertura da estufa por meio de lanternim provido de báscula de fechamento (Figura 5.7)

DADOS:

M_M = 2.500 kg de fumo em folhas com 80% de umidade inicial.
C_M = 0,92 kcal/kg°C
M_{VARAS} = 100 kg
C_{VARAS} = 0,65 kcal/kg°C

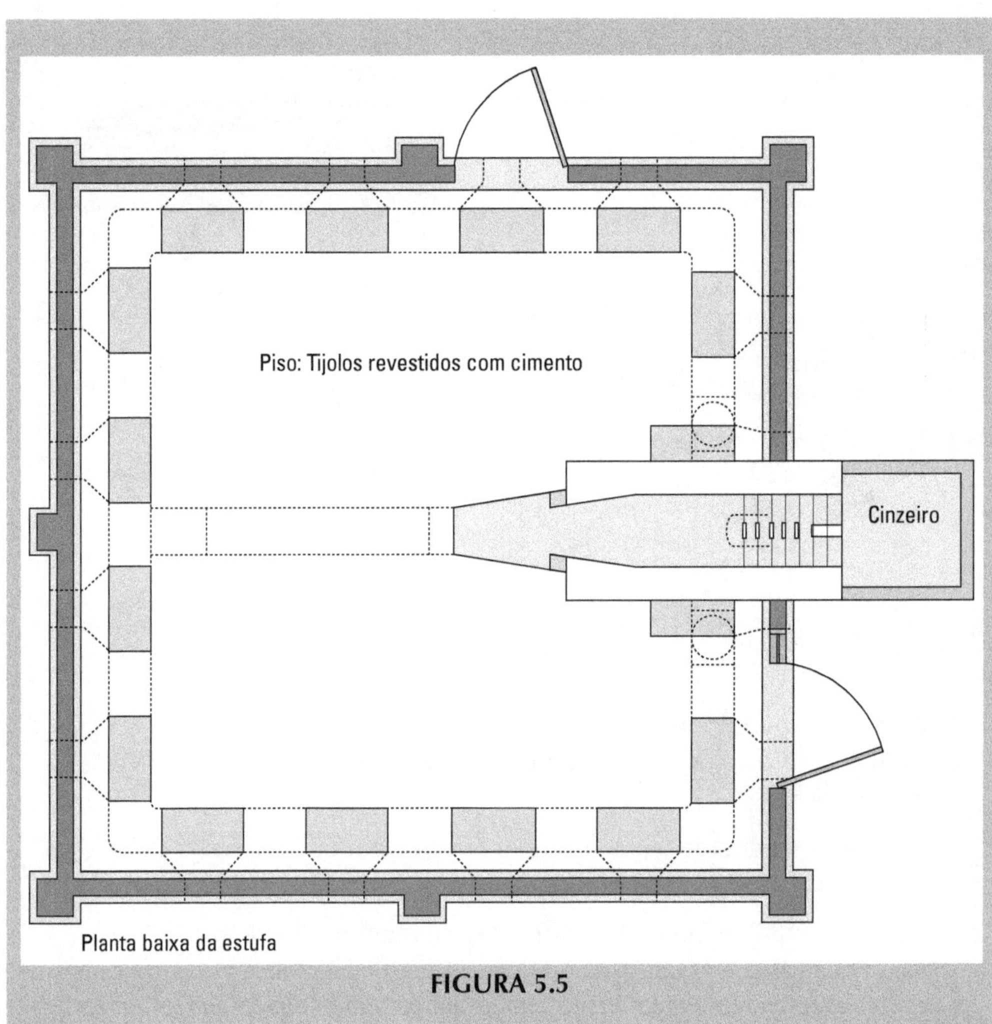

FIGURA 5.5

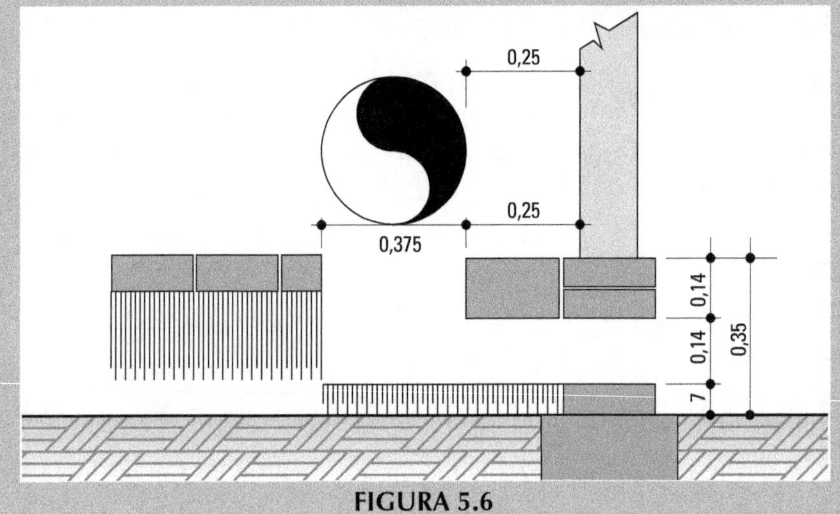

FIGURA 5.6

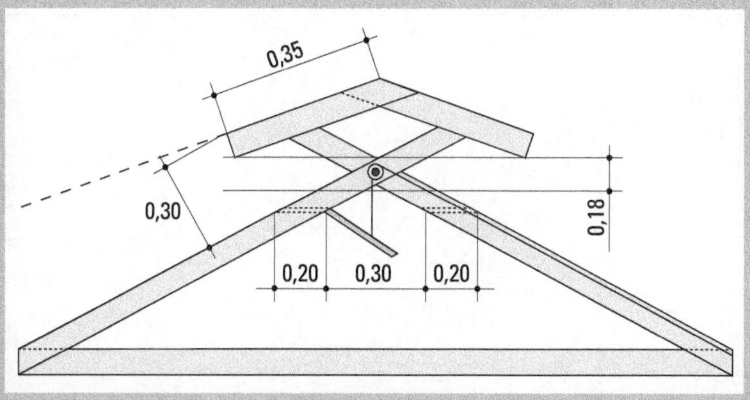

FIGURA 5.7

Como todo o processo de secagem se verifica em três fases distintas, a avaliação das grandezas termodinâmicas que o caracterizam, em cada uma das fases, se torna bastante difícil.

Entretanto, o aquecimento do material se dilui ao longo do processo, pois se inicia na fase de amarelação e continua durante as primeiras 25 horas, em que a temperatura se eleva progressivamente até atingir os 65°C.

Por outro lado, o calor consumido nesta operação é bastante reduzido, já que as folhas, conforme veremos, se aquecem apenas até a temperatura de t_u = 30,3°C.

Assim, consideraremos apenas a fase de secagem das lâminas, que é a mais significativa, como secagem global.

Nestas condições, consideraremos a retirada global de 2.000 kg de umidade em 50 horas, numa operação com ar aquecido inicialmente a 38°C e com temperatura crescente e gradativa ao longo das 25 horas iniciais, até atingir a temperatura de 65°C, temperatura esta que se mantém até o final desta fase.

Consideraremos as perdas térmicas de transmissão de calor como 20% do calor em jogo, assim como uma umidade relativa do ar no final do processo de 60%.

Como ponto de partida, estabeleceremos ainda como condições ambientes mais desfavoráveis: t_a = 25°C, φ_a = 70% e p = 760 mmHg.

Nestas condições, podemos montar as linhas de secagem correspondentes aos limites de aquecimento de 38°C e 65°C na carta psicrométrica (Figura 5.8)

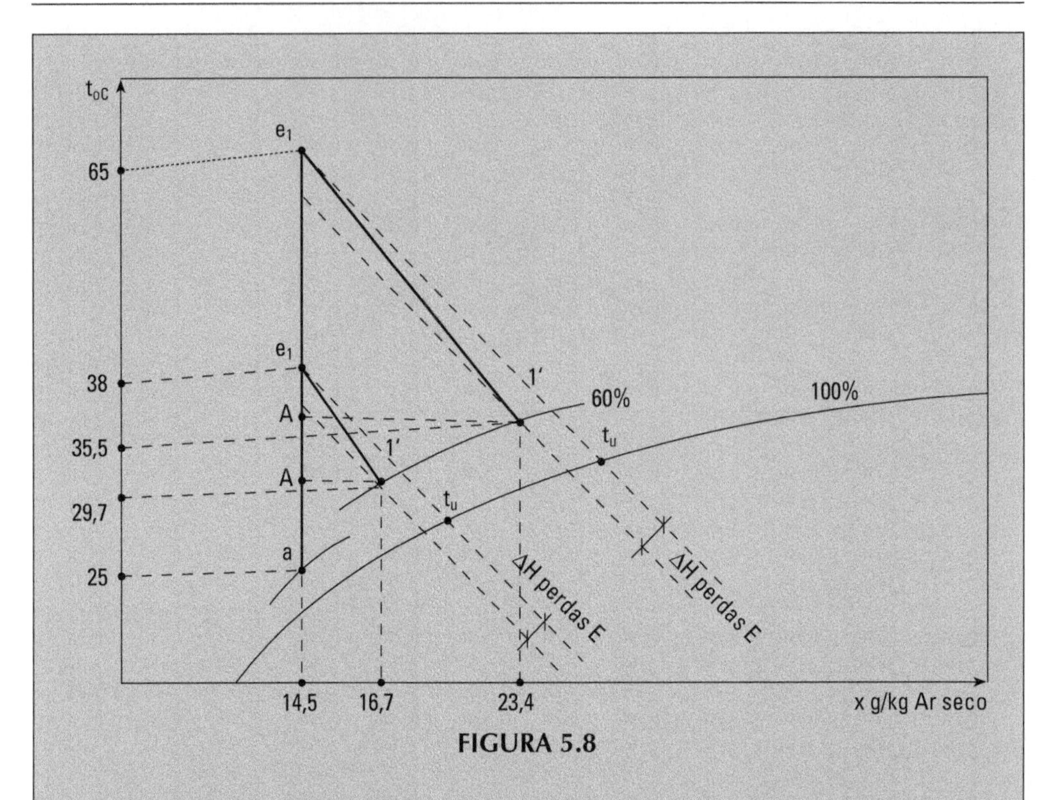

FIGURA 5.8

Donde podemos efetuar as seguintes leituras:

Ponto a – $t_a = 25°C$

$\varphi_a = 70\%$

$H_a = 14,8$ kcal/kg ar seco

$x_a = 14,5$ g/kg ar seco

Ponto 1 –	$t_{e1} = 38°C$	$t_{e1} = 65°C$
	$H_{e1} = 17,9$ kcal/kg ar seco	$H_{e1} = 24,6$ kcal/kg ar seco
	$x_a = 14,5$ g/kg ar seco	$x_a = 14,5$g/kg ar seco
Ponto 1′ –	$\Delta H_{perdas} = 0,62$ kcal/kg ar seco	$\Delta H_{perdas} = 1,96$ kcal/kg ar seco
	$\varphi_{1'} = 60\%$	$\varphi_{1'} = 60\%$
	$H_{1'} = 17,28$ kcal/kg ar seco	$H_{1'} = 22,64$ kcal/kg ar seco
	$H_A = 16,0$ kcal/kg ar seco	$H_A = 17,5$ kcal/kg ar seco
	$t_{1'} = 29,7°C$	$t_{1'} = 35,5°C$
	$x_{1'} = 16,7$ g/kg ar seco	$x_{1'} = 23,4$ g/kg ar seco
	$t_u = 24,3°C$	$t_u = 30,3°C$

Como as condições do processo, ao longo da fase de secagem das folhas, variam linearmente nas primeiras 25 horas e se mantêm constantes nas últimas 25 horas, adotaremos para o cálculo da retirada de umidade o valor médio ponderado desta fase, qual seja:

Δx (25 horas iniciais) $= x_{1'} - x_a = 16{,}7 - 14{,}5 = 2{,}2$
até 23,4 - 14,5 = 8,9 g/kg ar seco
Δx (25 horas finais) $= x_{1'} - x_a = 23{,}4 - 14{,}5 = 8{,}9$ g/kg ar seco

Donde a média ponderada:

$$\Delta x_{\text{médio}} = \frac{25 \times 5{,}555 + 25 \times 8{,}9}{50} = 7{,}227 \text{ g/kg ar seco}$$

De modo que podemos então apropriar:

$$M_{\text{ar}} = \frac{M_V}{\Delta x_{\text{médio}}} = \frac{2.000 \text{ kg/50 horas}}{0{,}007227 \text{ kg/kg ar seco}} = 5.535 \text{ kg ar seco/h}$$

Donde a quantidade de calor em jogo no ar de secagem:

$$Q_{\text{ar}} = M_{\text{ar}}(H_{e1} - H_a) = 5.535(24{,}6 - 14{,}8) = 54.241 \text{ kcal/h}$$

As perdas por transmissão de calor, através das paredes de alvenaria simples de tijolos de 15 cm (K = ~ 3 kcal/m^2 h°C) e cobertura, protegida por uma camada de lã de vidro de 1/2" (K = ~3 kcal/m^2 h°C) nos serão dadas por:

$$Q_{\text{transmissão}} = \text{K S } \Delta t = 3{,}0 \times 5 \times 25 \text{ m}^2 \left(\frac{65 + 35{,}5}{2} - 25 \right) = 9.469 \text{ kcal/h}$$

Ou seja, ainda levemente inferiores às arbitradas inicialmente como 20% do valor de Q_{ar}, o que vem a favor da segurança do projeto.

Um isolamento adicional das paredes viria a favor da economia de combustível a ser usado no processo, mas em virtude do tipo de construção rústica adotada, achamos desaconselhável.

Por outro lado, com os demais valores obtidos na carta psicrométrica, podemos finalmente fazer o balanço térmico da secagem na fase final, na qual a temperatura do ar quente é de 65°C, embora as condições de secagem para as temperaturas menores sejam menos favoráveis:

$$Q_{\text{ar}} = M_{\text{ar}}(H_1 - H_a) = 5.535 \text{ kg/h ar seco } (24,6 - 14,8) =$$
$$= 5.241 \text{ kcal/h}$$
$$Q_{\text{perdas}} = 0,2M_{\text{ar}}(H_1 - H_a) = 10.848 \text{ kcal/h}$$
$$Q_{\text{lat. vapor}} = M_{\text{ar}}(H_{1'} - H_A) = 5.535 \text{ kg/h ar seco } (22,64 - 17,5) =$$
$$= 28.450 \text{ kcal/h}$$
$$Q_{\text{ar saída sensível}} = M_{\text{ar}}(H_A - H_a) = 5.535 \text{ kg/h ar seco } (17,5 - 14,8) =$$
$$= 14.944,5 \text{ kcal/h}$$

E de acordo com o item 4.1.5, equação 4.14, o rendimento térmico médio de todo o processo:

$$\eta_{\text{secagem}} = \frac{Q_{\text{ev}}}{Q_{\text{ar}}} = \frac{M_V r_a}{M_{\text{ar}}(H_{e1} - H_a)} = \frac{M_V(r_0 - 0,55t_a)}{54.241} =$$
$$= \frac{40 \times 583,49}{54.241} = 0,43 \ (43\%)$$

Por outro lado, como verificação da superfície de contato S, necessária para as trocas térmicas entre o ar quente e o material a secar que se verificam durante a secagem propriamente dita, podemos aplicar a equação direta 4.1, já que a temperatura do material não varia e, portanto, a temperatura média logarítmica Δt_{ln} independe da natureza do fluxo:

$$Q = \text{K S } \Delta t_{\text{ln}} = \text{K S} \frac{(t_{e1} - t_u) - (t_{1'} - t_u)}{\ln \frac{t_{e1} - t_u}{t_{1'} - t_u}}$$

$$Q = \text{K S} \frac{(65°\text{C} - 30,3°\text{C}) - (35,5°\text{C} - 30,3°\text{C})}{\ln \frac{34,7°\text{C}}{5,2°\text{C}}} = \text{K S } 15,542°\text{C}$$

Onde considerando para K o valor médio recomendado por PERRY de 4 kcal/m^2 h°C, obtemos uma superfície:

$$\text{S} = \frac{28.450 \text{ kcal/h}}{4 \text{ kcal/m}^2 \text{ h°C} \times 15,542°\text{C}} = 457,63 \text{ m}^2$$

A qual consideramos perfeitamente compatível com a montagem de tendal feita inicialmente.

Igual resultado poderíamos obter, aplicando o conceito de Número de Unidades de Transferência-**NTU**.

Como elementos adicionais podemos dimensionar a fornalha, o intercambiador e a chaminé.

O combustível usado para a secagem do fumo na zona rural é normalmente a lenha de eucalipto ou acácia, cuja massa específica é de 510 kg/m^3 e cuja composição gravimétrica média à base úmida é a que segue:

C---------------4,94%

H_2--------------5,22%

O_2------------27,00%

N_2------------ 13,50%

H_2O---------- 10,00%

Cinzas----------2,34%

De modo que podemos calcular:

O poder calorífico inferior:

$$Pci = 8.100\ g_C + 34.400\left(g_{H_2} - \frac{g_{O_2}}{8}\right) - 600(9g_{H_2} + g_{H_2O}) = 3.690\ \text{kcal/kg}$$

O volume dos produtos secos da combustão completa em metros cúbicos normais (m^{3}N), isto é, nas condições de 0°C, 760 mm Hg:

$$V_{O_2\ \text{mínimo}} = 22,4\left(\frac{g_{H_2}}{4} + \frac{g_C}{12} - \frac{g_{O_2}}{32}\right) = 0,886\ \text{m}^3\ \text{N/kg combustível}$$

$$V_{CO_2} = 22,4\frac{g_C}{12} = 0,783\ \text{m}^3\ \text{N/kg combustível}$$

$$V_{H_2O} = 22,4\left(\frac{g_{H_2}}{2} + \frac{g_{H_2O}}{18}\right) = 0,5846 + 0,1245 = 0,709\ \text{m}^3\ \text{N/kg combustível}$$

$$V_{O_2} = (n-1)V_{O_2\text{mínimo}} = 0,886(n-1)\ \text{m}^3\ \text{N/kg combustível}$$

$$V_{N_2} = \frac{79n}{21}V_{O_2\text{mínimo}} + 22,4\frac{g_{N_2}}{28} = (3,333n + 0,108)\ \text{m}^3\ \text{N/kg combustível}$$

$$Vg = V_{CO_2} + V_{H_2O} + V_{O_2} + V_{N_2} = (4,22n + 0,727)\ \text{m}^3\ \text{N/kg combustível}$$

Para garantir a queima completa de achas de lenha e, ao memo tempo, limitar a temperatura dos gases da combustão que atravessam o intercambiador, que será executado com chapas de ferro, adotaremos um coeficiente de excesso de ar n = 4,0, de modo que teremos:

$$Vg = (4{,}22\ n + 0{,}727) = 17{,}6\ \text{m}^3\ \text{N/kg combustível}$$

E, da mesma forma, o ar necessário para a combustão:

$$V_{\text{ar}} = n\frac{V_{O_2\,\text{mínimo}}}{0{,}21} = n\frac{0{,}886}{0{,}21} = 4{,}22n = 16{,}88\ \text{m}^3\ \text{N/kg combustível}$$

As fornalhas de alvenaria refratária admitem uma potência calorífica média de 200.000 kcal/h m^3, de modo que, admitindo com folga para a instalação em projeto, uma capacidade calorífica de 100.000 kcal/h, a fornalha destinada ao secador deve ter um volume de 0,50 m^3, para um consumo máximo de até 100.000/3.690 = 27 kg/h de lenha.

Como na análise da combustão, os aeriformes envolvidos são avaliados em metros cúbicos normais (m^3 N), ou seja, seus volumes são apropriados para as condições normais de 0°C e 760 mm Hg, para o cálculo dos calores em jogo é preferível adotar o calor molar à pressão constante mCp, o qual corresponde ao calor específico volumétrico à pressão constante do volume molar (22,4 m^3 N).

Estas grandezas, na prática, estão bem definidas, podendo-se tomar:

Para o ar puro

$mCp = 6{,}86 + 0{,}00106t$ m = 28,96 kg

Para os gases puros da combustão da lenha

$mCp = 7{,}3 + 0{,}0016t$ m = 29,91 kg

Para estes gases com excesso de ar

$n = 2 - mCp = 7{,}08 + 0{,}00133t$ m = 29,44 kg
$n = 3 - mCp = 7{,}01 + 0{,}00124t$ m = 29,28 kg
$n = 4 - mCp = 6{,}97 + 0{,}00120t$ m = 29,20 kg

A temperatura máxima atingida pelos gases da combustão na fornalha, para um coeficiente de excesso de ar n = 4,0 considerando um rendimento na combustão de η = 90% e perdas por irradiação e transmissão por condução σ = 10%, nos será dada por:

$$t_g = \frac{(1-\sigma)\eta \text{Pci}}{mCp\ Vg/22{,}4} + t_0 =$$

$$= \frac{(1-0{,}1)0{,}9\times 3.690\ \text{kcal/kg combustível}}{7{,}31\ \text{kcal °C/22,4 m}^3 \times 17{,}6\ \text{m}^3\ \text{N/kg combustível}} + 25°\text{C}$$

Isto é: t_g = 545°C.

Para maiores detalhes procure na bibliografia Costa, Ennio Cruz da – FÍSICA INDUSTRIAL – Termodinâmica – Globo – Porto Alegre – 1973

A grelha, por sua vez, para uma velocidade real de 1 m/s, deverá ter uma seção livre de passagem para o ar de combustão, de:

$$\Omega_{grelha} = \frac{V_{ar}\ \text{m}^3\ \text{a}\ 25°\text{C/kg} \times 27\ \text{kg/h}}{c\ \text{m/h}} =$$

$$= \frac{V_{ar}\ \text{m}^3\ \text{N/kg} \times (25+273)/273 \times 27\ \text{kg/h}}{3.600\ \text{s/h} \times c\ \text{m/s}}$$

$$\Omega_{grelha} = \frac{16{,}88\ \text{m}^3\ \text{N/kg} \times 1{,}0916 \times 27\ \text{kg/h}}{3.600\ \text{m/h}} =$$

$$= 0{,}1382\ \text{m}^2\ \text{de área livre}$$

Enquanto a tomada de ar no cinzeiro poderá ter a metade desta seção para um melhor controle da combustão nas baixas cargas.

Quanto ao intercambiador, ele deve ter uma potência calorífica de:

$$Q = Vg\ \text{kg/h}\ (t_e - t_s) = 54.241\ \text{kcal/h}$$

De modo que a temperatura dos gases deve variar de 545°C até a temperatura de 201°C, que é a compatível com o calor a ser liberado pelos mesmos para atender a potência calorífica dada acima:

$$Q = Vg\ \text{m}^3\ \text{N/kg} \times 27\ \text{kg} \times mCp\,/\,22{,}4\ \text{kcal/m}^3\ \text{N°C}\ (545°\text{C} - t_{final})$$

$$Q = 17{,}6\ \text{m}^3\ \text{N/kg} \times 27\ \text{kg} \times 7{,}435/22{,}4\ \text{kcal/m}^3\ \text{N°C}\ (545°\text{C} - 201°\text{C})$$

$$Q = 54.241\ \text{kcal/h}$$

Esta temperatura final na saída do intercambiador, na realidade, é a temperatura na base da chaminé.

Ela não só é suficientemente baixa para assegurar um bom aproveitamento do calor dos gases da combustão, como ainda permite, por meio de uma chaminé de dimensionamento adequado, criar a depressão necessária para a tiragem natural por termossifão dos gases da combustão do sistema.

Por outro lado, a temperatura do ar, que é aquecido pelo intercambiador, varia de 25°C para 65°C.

Nestas condições, a diferença de temperatura média aritmética entre os fluidos em troca térmica seria:

$$\Delta tm = \frac{545°\text{C} + 201°\text{C}}{2} - \frac{65°\text{C} + 25°\text{C}}{2} = 328°\text{C}$$

Diferença de temperatura mais exata a considerar, entretanto, seria a diferença de temperatura média logarítmica que deu origem ao processo de cálculo de intercambiadores por meio do Número de Unidades de Transferência NTU. Este, para o caso de um fluxo cruzado como ocorre no intercambiador em estudo, apresenta os seguintes valores:

$$R = \frac{Mg\,Cg}{M_{ar}Cp_{ar}} = \frac{\Delta t_{ar}}{\Delta t_{gases}} = \frac{65°C - 25°C}{545°C - 201°C} =$$

$$= \frac{Mg\,Cg}{5.535 \text{ kg ar seco/h} \times 0{,}25 \text{ kcal/kg°C}}$$

A capacidade calorífica realmente utilizada dos gases da combustão ainda não é conhecida, mas podemos calculá-la a partir da relação acima, isto é:

$$R = \frac{160{,}95 \text{ kcal/h°C}}{1.384 \text{ kcal/h°C}} = 0{,}118$$

$$\varepsilon = \frac{545°C - 201°C}{545°C - 25°C} = 0{,}661$$

$$NTU = \frac{K\,S}{Mg\,Cg} = \frac{K\,S}{160{,}95 \text{ kcal/°C}} = 1{,}10$$

De modo que os cálculos anteriores nos fornecem os valores de KS = 154 kcal/°C no primeiro caso e KS = 177 kcal/°C no segundo, o qual naturalmente é o mais correto.

O valor de K para o caso caracteriza a transmissão de calor entre os gases da combustão no interior do tubo do intercambiador e o ar e nos é dado por:

$$K = \frac{1}{\dfrac{1}{\alpha_{gases}} + \dfrac{l}{k_{ferro}} + \dfrac{1}{\alpha_{ar}}}$$

Onde:

$$l = 0{,}003 \text{ m}$$

$$k_{ferro} = 50 \text{ kcal/mh°C}$$

$$\alpha_{gases} = \left(3{,}6 + 0{,}22\frac{t}{100}\right)\frac{C_0^{0{,}75}}{D^{0{,}25}} + \alpha_{radiação} =$$

$$= 5{,}46 + 4{,}4 = 9{,}86 \text{ kcal/m}^2\text{h°C}$$

$$\alpha_{ar} = 0{,}94(\Delta t / D)^{0{,}25} + 4{,}96\,FaFe\theta =$$

$$= 4{,}42 + (4{,}96 \times 1 \times 0{,}57 \times 2{,}1) = 10{,}4 \text{ kcal/m}^2\text{h°C}$$

Donde K = 5,06 kcal/m^{2}h°C.

E a superfície S do intercambiador será igual a 177/5,06 = 34,98 m^2, o qual será contituído de 30 m de tubos de D = 0,371 m (Ω = 0,108 m^2).

Para o equacionamento da chaminé, apropriaremos todas as perdas de carga do circuito da combustão, usando para isto a expressão geral das perdas de cargas dadas por:

$$J = \Sigma\lambda \frac{c^2}{2}\rho \text{ N/m}^2 = \Sigma\lambda \frac{c^2}{2g}\gamma \text{ kgf/m}^2 \text{ (mm } H_2O)$$

Assim, para a tomada de ar no cinzeiro (c = 2 m/s), teremos:

$$J_{\text{cinzeiro}} = 1,5\frac{2^2}{2g}1,2 = 0,367 \text{ kgf/m}^2$$

Para a passagem do ar pela grelha (c = 1 m/s):

$$J_{\text{grelha}} = 4\frac{l^2}{2g}1,2 = 0,245 \text{ kgf/m}^2$$

Para a passagem no intercambiador, constituído de 2 circuitos com 15 metros de comprimento cada um, e com 3 joelhos (λ = 0,87), onde os gases circulam com uma velocidade média máxima de:

$$c = \frac{17,6 \text{ m}^3\text{N/kg} \times 27 \text{ kg} \times (273 + 373)/273}{2 \times 0,108 \text{ m}^2 \times 3.600} = 1,45 \text{ m/s}$$

e um peso específico também médio máximo de:

$$\gamma = \gamma_0 \frac{T_0}{T} = 1,293\frac{273}{273+373} = 0,546 \text{ kgf/m}^3$$

teremos:

$$J_{\text{int.}} = \frac{\gamma L}{D}\frac{c^2}{2g}\gamma + 3\,\gamma_{\text{joelho}}\frac{c^2}{2g}\gamma =$$

$$= \frac{0,02\times 15}{0,37}\times\frac{1,45^2}{19,6}0,546 + 3\times 0,87\frac{1,45^2}{19,6}0,546$$

$$J_{\text{intercambiador}} = 0,2 \text{ kgf/m}^2$$

E, finalmente, a passagem pela própria chaminé que faremos com uma seção de 37,5 cm × 37,5 cm, onde a temperatura é de 201°C:

$$c = \frac{17{,}6 \text{ m}^3\text{N/kg} \times 27 \text{ kg/h } (273 + 201)/273}{(0{,}375 \times 0{,}375)3.600} = 1{,}63 \text{ m/s}$$

$$\gamma = \gamma_0 \frac{T_0}{T} = 1{,}293 \frac{273}{273+201} = 0{,}745 \text{ kgf/m}^3$$

Isto é:

$$J_{\text{chaminé}} = \left(\frac{\gamma H}{D} + 1 \right) \frac{c^2}{2g} \gamma = \left(\frac{0{,}03 \times 7{,}0}{0{,}375} + 1 \right) \frac{1{,}63^2}{19{,}6} 0{,}745 = 0{,}16 \text{ kgf/m}^2$$

Donde uma perda de carga total no circuito da combustão de 0,972 kgf/m^2.

Enquanto a chaminé nos criará uma depressão bastante superior:

$$\Delta p = H(\gamma_{\text{gases}} - \gamma_{\text{ar ambiente}}) = 7{,}0(0{,}745 - 1{,}2) = -3{,}185 \text{ kgf/m}^2$$

Para completar o estudo do circuito da combustão, podemos fazer o balanço térmico do aproveitamento do combustível, o qual seria, na carga máxima:

Calor total dos 27kg/h de lenha

3.690 kcal/kg × 27kg/h = 99.630 kcal/h (100%)

Perdas por combustão incompleta

9.963 kcal/h (10%)

Perdas por transmissão de calor na fornalha

8.967 kcal/h (9%)

Calor aproveitado no intercambiador

54.241 kcal/h (54,4%)

Calor perdido nos gases da chaminé a 201°C

26.459 kcal/h (26,6%)

Observação: A estufa de secagem de fumo em folhas deste exemplo é a estufa padrão usada pela CIA SOUZA CRUZ IND. E COM., da qual reestudamos os cálculos referentes aos dimensionamentos básicos, do sistema de combustão e do intercambiador de calor, visando:

a – Permitir a possibilidade de uma secagem total, após a amarelação, desde que respeitados os parâmetros de qualidade desejados, em um prazo de até 50 horas.

b – Limitar a temperatura do intercambiador, que é de aço, a valores da ordem de 550°C, a fim de aumentar a sua durabilidade.

c – Aproveitar ao máximo o calor dos gases da combustão, garantindo a saída dos mesmos pela chaminé, a uma temperatura aproximada de 200°C.

Para isto, foram efetuadas basicamente as seguintes alterações:

a – Combustão controlada com no mínimo um coeficiente de excesso de ar de n = 4,0 com conseqüente aumento das dimensões da tomada de ar do cinzeiro e da grelha.

b – Duplicação do intercambiador no trecho comum aos seus dois circuitos e alteração do diâmetro do mesmo de 30 cm para 37,5 cm.

CAPÍTULO

SECADORES A AR QUENTE CONTÍNUOS

Os secadores a ar quente contínuos se caracterizam pela movimentação do material a secar, o qual é retirado continuamente do equipamento com o teor de umidade baixo desejado.

Neste caso, o deslocamento do ar em relação ao deslocamento do material a secar pode ser:

Eqüicorrente
Contracorrente
Correntes cruzadas
Corrente mista

Do ponto de vista da eficiência da transmissão de calor, o fluxo mais indicado, conforme vimos, é o contracorrente, embora possam ser feitas as seguintes restrições:

- Durante a fase de secagem propriamente dita, que é a mais significativa do processo, como o material mantém a sua temperatura praticamente constante, a disposição do fluxo eqüicorrente ou contracorrente é indiferente, do ponto de vista da eficiência da transmissão de calor.
- Na disposição contracorrente, o ar à saída do secador apresenta uma baixa temperatura e umidade elevada, mas o material seco pode abandonar o secador muito quente, o que contribui para reduzir o rendimento térmico do processo.
- Este inconveniente, entretanto, em equipamentos de maior responsabilidade, pode ser contornado, provendo-se caso necessário o processo de uma fase adicional de pré-aquecimento do ar de secagem à custa do calor do material que deixa o secador.

- Por outro lado, nos secadores contracorrente o primeiro contato do material é com ar bastante úmido e com temperatura reduzida, o que evita a quebra do mesmo, devido a um aquecimento brusco, situação que em grande número de casos tem importância fundamental (cereais, materiais cerâmicos, etc.)

Os secadores a ar quente contínuos podem apresentar um grande número de disposições construtivas, mas os mais usados na técnica atual são:

Os de tambor rotativo, usados para materiais particulados mas cuja fragmentação adicional não é prejudicial, como é o caso do sal marinho, do calcário, de materiais de construção diversos, como areias, agregados, etc.

Os de tipo túnel, nos quais o material se desloca, em tendal movimentado por correntes, em correias transportadoras ou alojado em carrinhos que circulam sobre trilhos, usados para tecidos, peças de produção seriada, tijolos, ladrilhos cerâmicos, borracha, celulose, papel, papelão, couro, etc.

Os secadores específicos de cereais ou materiais granulados, de uma maneira geral, que normalmente são do tipo torre com circulação do material por gravidade.

Os secadores modernos com atomizadores, como os SPRAY DRIERS e os JET DRIERS, usados para materiais que podem ser manuseados em suspensões ou soluções concentradas e cujo produto final tem a forma de pó.

6.1 – SECADORES DE AR QUENTE TIPO TAMBOR ROTATIVO

6.1.1 – GENERALIDADES

O secador contínuo de tambor rotativo é constituído por um cilindro horizontal alongado, que gira em baixa rotação.

O cilindro é provido de, no mínimo, duas cintas de reforço, apoiadas em dois roletes horizontais cada uma e, uma cinta dentada acoplada a uma engrenagem de acionamento motorizada, a fim de permitir a rotação do mesmo.

Um ou mais roletes verticais evitam o deslocamento longitudinal do cilindro.

Internamente, o cilindro é provido de pás longitudinais em toda a sua extensão, instaladas na periferia e em posição radial, com dimensão transversal da ordem de 1/6 do diâmetro (Figura 6.1 e detalhes).

Para permitir o deslocamento longitudinal por gravidade do material a secar, o cilindro tem uma inclinação i, no sentido deste deslocamento de 1 a 3%.

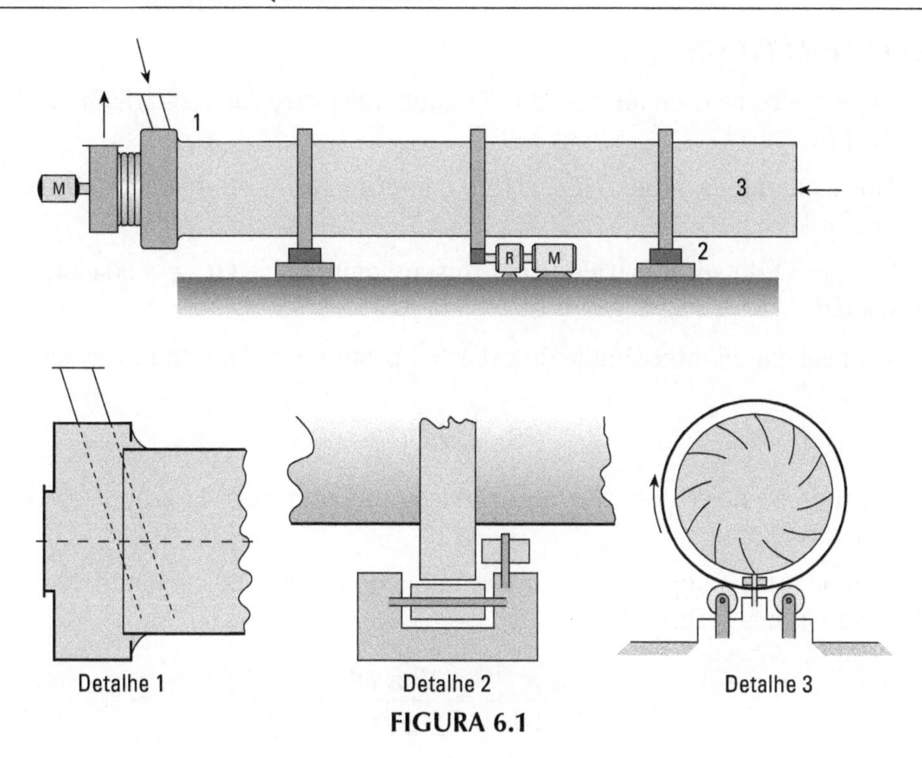

FIGURA 6.1

Jogando com a rotação e esta inclinação, podemos estabelecer o tempo τ desejado de permanência do material a secar no secador:

$$\tau = \frac{L}{i\,D\,\text{RPM}}\ \text{minutos}$$

Por meio das pás, o material é revolvido no interior do secador e se desloca lentamente em contato perfeito com o ar aquecido que circula em contracorrente.

A temperatura de entrada do ar aquecido por vezes é bastante elevada, podendo atingir até 600°C (veja Tabela 3.2).

O rendimento destes secadores depende basicamente da temperatura do ar à saída do secador, a qual por sua vez depende do comprimento deste.

Para um bom aproveitamento no processo de secagem, é normal a consideração de que a temperatura do ar de saída do secador seja inferior a 1/3 da sua temperatura de entrada.

Nos secadores do tipo contínuo, as fases de aquecimento do material e secagem propriamente dita se verificam simultaneamente, em seqüência ao passar o material ao longo do equipamento, de modo que para cada uma delas corresponderá uma superfície de intercâmbio de calor distinta.

DADOS PRÁTICOS

As dimensões básicas de um secador de tambor rotativo são o seu diâmetro D e o seu comprimento L.

Normalmente, a proporção entre o comprimento L e o diâmetro D é da ordem de 5 a 10.

A seção Ω do secador vale $\pi D^2/4$, o seu volume $V = \Omega L$, e a sua superfície interna πDL.

A superfície de intercâmbio de calor S é proporcional a esta superfície interna:

$$S = k\ \pi\ DL$$

Podendo-se fazer com boa aproximação, dependendo da granulometria do material, $k = 12$.

De modo que a superfície de intercâmbio de calor S, por unidade de volume V do secador, nos seria dada por:

$$a = \frac{S}{V} = \frac{k\ \pi\ DL}{\Omega L} = \frac{12\ \pi\ DL}{L\ \pi\ D^2/4} =\sim \frac{48}{D} \qquad 6.1$$

A velocidade do ar referida às condições ambientes médias (20°C, 760 mmHg) é da ordem de 1 a 2 m/s.

O coeficiente geral de transmissão de calor K para as trocas de calor entre o ar e o material, segundo PERRY, varia de 3 a 5 kcal/m^2 h°C, mas para o caso é preferível usar para a sua determinação a expressão empírica devida também a PERRY, que leva em conta a influência também do diâmetro D e da velocidade mássica do ar M_{ar}/Ω:

$$K\,a = 57 \frac{(M_{ar}/\Omega)^{0,16}}{D} \text{kcal/m}^2\text{h°C} \times \text{m}^2/\text{m}^3 \qquad 6.2$$

Nestas condições, adotando-se para o adimensional aD o valor aproximado de 48 já indicado anteriormente, mesmo para um secador ainda não dimensionado, podemos elaborar a tabela que segue, a qual facilitará bastante o projeto de um secador de tambor rotativo (Tabela 6.1)

Nestas condições, podemos concluir que a velocidade do ar quente e o comprimento do secador L que vai determinar a sua temperatura de saída em relação à de entrada, definem o fator de contato e, portanto, o rendimento térmico deste tipo de secadores.

Por outro lado, a temperatura do ar de entrada e a quantidade deste, caracterizada pela sua velocidade e a seção de passagem Ω, definem a sua capacidade.

TABELA 6.1 — COEFICIENTE DE TRANSMISSÃO DE CALOR K DOS SECADORES DE TAMBOR ROTATIVO EM FUNÇÃO DA MOVIMENTAÇÃO DO AR

$C_{ar\,20C}$	M_{ar} kg/m²h	aD K kcal/m²h°C	~ K kcal/m²h°C
1,0 m/s	4.320	217,5	4,53
1,2 m/s	5.184	224,0	4,67
1,4 m/s	6.048	229,6	4,78
1,6 m/s	6.912	234,5	4,89
1,8 m/s	7.776	239,0	4,98
2,0 m/s	8.640	243,1	5,06

Adotando-se para o cálculo de sua superfície S de intercâmbio o processo de cálculo do número de unidades de transferência NTU, o seu valor normalmente varia de 1,5 a 2,0 para este tipo de secador.

Como, por outro lado, a carta psicrométrica anexa não inclui temperaturas superiores a 100°C, as entalpias do ar aquecido acima desta temperatura, podem ser calculadas a partir da expressão básica:

$$H_{\text{ar úmido}} = (Cp_{\text{ar}} + C_{\text{vapor}}x)t + r_0 x \text{ kcal/kg ar seco + umidade}$$

$$H_{\text{ar úmido}} = Cp_{\text{ar}}t + x(r_0 + C_{\text{vapor}}t) \text{ kcal/kg ar seco + umidade}$$

Onde:

Cp_{ar} = (0,237 + 0,0000366t) kcal/kg ar seco°C
Cp_{vapor} = 0,45 kcal/kg ar seco°C
r_0 = 597,24 kcal/kg

Enquanto a temperatura do termômetro úmido t_u do ar aquecido nas condições t_{e1} x_1 nos seria dada pela isentálpica que passa pelo ponto e_1 (Figura 6.1):

$$H_{e1} = H_u \quad \text{ou ainda} \quad H_{e1} - H_A = H_u - H_A$$

Isto é:

$$(Cp_{\text{ar médio}} + 0{,}45x_{e1})t_{e1} + x_{e1}r_0 = (Cp_{\text{ar médio}} + 0{,}45x_s)t_u + x_s r_0 \qquad 6.3$$

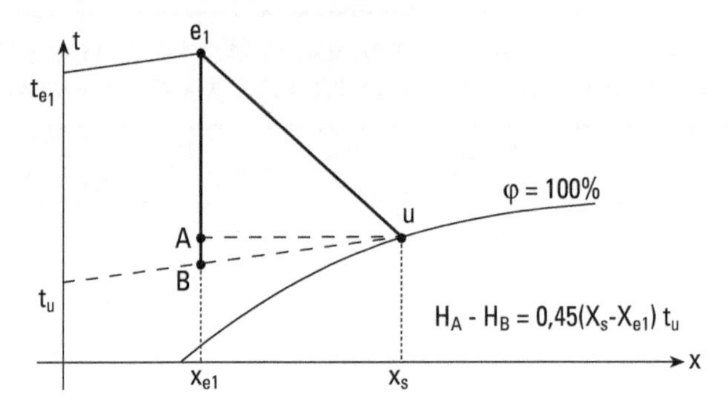

FIGURA 6.1a

Onde:

$$x_s = 0{,}622 \frac{p_s}{p - p_s} \qquad 2.17$$

$$\log p_s = 9{,}1466 - \frac{2.316}{T} \text{ mm Hg} \quad \text{(ou tabela de vapor)} \qquad 2.2$$

6.1.2 – CÁLCULO DE UM SECADOR DE TAMBOR ROTATIVO

O cálculo de um secador de tambor rotativo é feito a partir da distribuição de temperaturas no interior do mesmo (Figura 6.2)

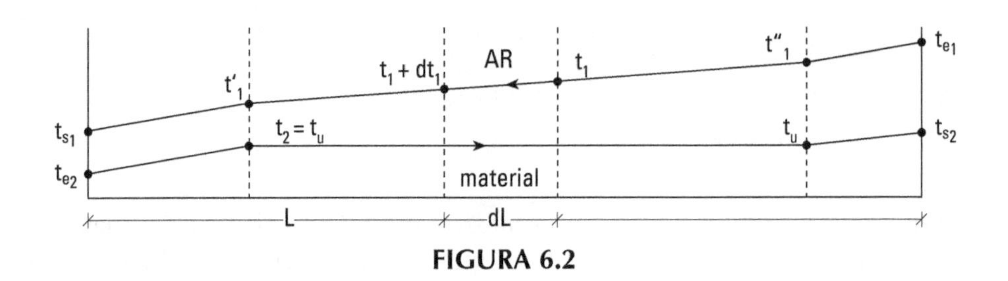

FIGURA 6.2

$$dQ = \mathrm{K}\, d\mathrm{S}\,(t_1 - t_2) = M_{\text{ar}} Cp_{\text{ar}} dt_1 = M_M C_M dt_2$$

A secagem do material compreende três fases, onde se verifica no material:

Aquecimento até a temperatura t_u

A secagem propriamente dita ou evaporação, à temperatura constante t_u.

O superaquecimento, acima da temperatura t_u, quando eventualmente o secador é superdimensionado ou funciona acima do tempo necessário.

Enquanto o ar sofre:

Uma perda de calor por transmissão através da superfície externa do secador.

Uma troca de calor sensível por latente durante a evaporação.

Uma transferência de calor para o aquecimento, do vapor até a temperatura de saída do ar $t_{s1,}$ e do material até a temperatura t_u, ou eventualmente o superaquecimento do mesmo acima de t_u.

Embora estas fases do material e do ar não sejam exatamente concomitantes, podemos, para efeito de cálculo, separá-las em dois tipos:

a - Fases em que t_2 varia (início e eventualmente fim da operação):

$$dQ = M_{ar} Cp_{ar} dt_1 = K dS\ (t_1 - t_2)$$

$$Q = M_{ar} Cp_{ar} (t_{e1} - t_{s1}) = K\ S\ \Delta t_{ln} = K\ S\ \frac{(t_{e1} - t_{s2}) - (t_{s1} - t_{e2})}{\ln \frac{t_{e1} - t_{s2}}{t_{s1} - t_{e2}}}$$

$$\ln = \frac{t_{e1} - t_{s2}}{t_{s1} - t_{e2}} = \frac{K\ S}{M_{ar} Cp_{ar}} \frac{(t_{e1} - t_{s2}) - (t_{s1} - t_{e2})}{(t_{e1} - t_{s1})} = 1 - \frac{M_1 C_1}{M_2 C_2} = 1 - R$$

De modo que podemos calcular:

$$S = aV = a\Omega L = \frac{M_{ar} Cp_{ar}}{K\ (1 - R)} \ln \frac{(t_{e1} - t_{s2})}{t_{s1} - t_{e2})} \qquad 6.4$$

Adotando-se, de outra forma, o método de cálculo de intercambiadores por meio do número de unidades de transferência NTU, e lembrando que nesta fase o material a secar é que tem a menor capacidade calorífica, podemos igualmente fazer:

$$R = \frac{M_M C_M}{M_{ar} Cp_{ar}}$$

$$\varepsilon = \frac{t_{e2} - t_{s2}}{t_{e2} - t_{e1}}$$

$$NTU = \frac{K\ S}{M_M C_M}$$

b - Fase em que t_2 não varia (na evaporação $t_2 = t_u$):

$$dQ = M_{ar} Cp_{ar} dt_1 = K\ dS\ (t_1 - t_2)$$

$$Q = M_{ar} Cp_{ar} (t_{e1} - t_{s1}) = K\ S\ \Delta t_{ln}$$

$$Q = M_{ar} Cp_{ar}(t_{e1} - t_{s1}) = \text{K S} \frac{(t_{e1} - t_u) - (t_{s1} - t_u)}{\ln \frac{(t_{e1} - t_u)}{(t_{s1} - t_u)}}$$

$$\ln \frac{(t_{e1} - t_u)}{(t_{s1} - t_u)} = \frac{\text{K S}}{M_{ar} Cp_{ar}} = \frac{\text{K}\, a\Omega L}{M_{ar} Cp_{ar}}$$

De modo que podemos calcular:

$$\text{S} = a\Omega L = \frac{M_{ar} Cp_{ar}}{\text{K}} \ln \frac{(t_{e1} - t_u)}{(t_{s1} - t_u)} \qquad 6.5$$

Ou ainda, adotando igualmente o processo de cálculo de intercambiadores por meio do número de unidades de transferência NTU:

$$\varepsilon = \frac{t_{e1} - t_{s1}}{t_{e1} - t_u}$$

$$\text{NTU} = \frac{\text{K S}}{M_{ar} Cp_{ar}}$$

Observação: Naturalmente a área e, portanto, o comprimento a adotar para o secador, será a soma das áreas achadas para cada uma das fases analisadas.

A orientação geral a seguir no cálculo de um secador de tambor rotativo, portanto, será (Figura 6.3):

A – Arbitrar inicialmente as perdas por transmissão de calor, como um percentual do calor em jogo em cada uma das fases e fixar as temperaturas de funcionamento:

t_{e1} –Fixada de acordo com o material a secar (Tabela 3.2)

t_{s1} –Fixada para um bom rendimento em valores menores do que $t_{e1}/3$.

$t_{1'}$ – Que decorre da secagem propriamente dita e das perdas por transmissão de calor desta fase, ou ainda que decorre do aquecimento inicial do material e das perdas por transmissão de calor desta fase.

$t_{e2} = t_a$ – Fixada para as condições ambientes mais desfavoráveis.

t_u – Temperatura de saturação adiabática do ar ambiente aquecido até a temperatura t_{e1}, valor que pode ser obtido de uma carta psicrométrica apropriada ou mesmo calculado por iteração por meio das equações 6.3, 2.17 e 2.2, lembradas do item 6.1.1.

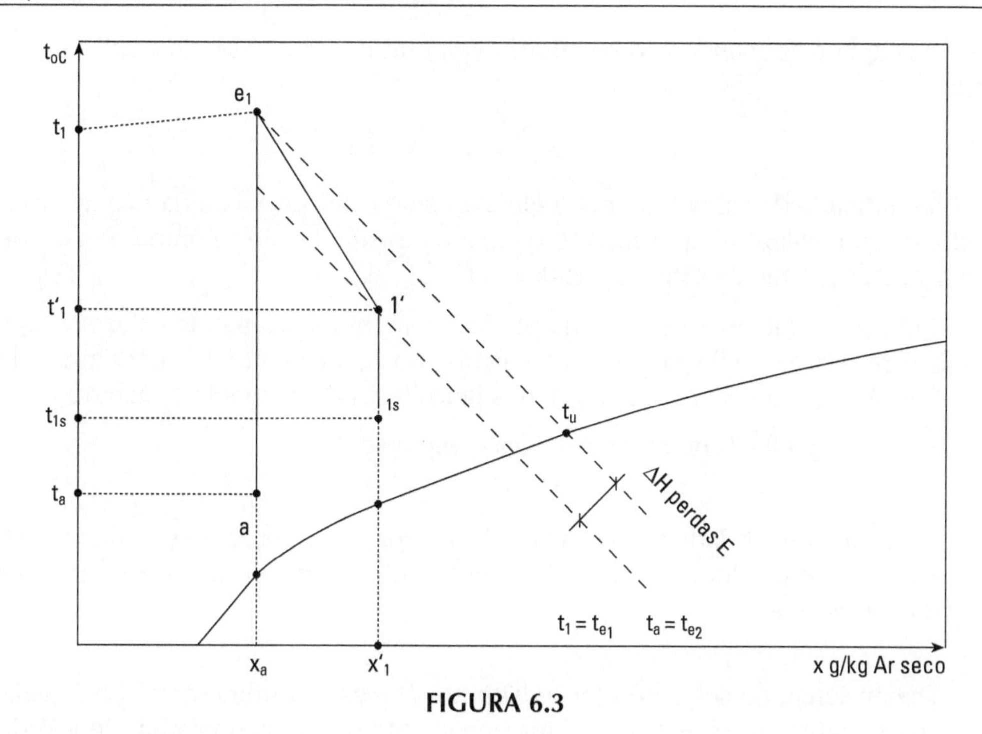

FIGURA 6.3

A partir do balanço térmico global do equipamento, dado pelas equações 4.12, 4.13, podemos calcular a quantidade de ar necessária M_{ar}.

Por outro lado, nos secadores contínuos contracorrente, o ar que entra no secador à temperatura t_{e1} e sai à temperatura t_{s1}, na fase de secagem propriamente dita, transfere calor sensível das temperaturas de t_{e1} a $t_{1'}$, a fim de agregar a umidade evaporada e aquecida até a temperatura $t_{1'}$ a partir do material hipoteticamente pré-aquecido até a temperatura t_u, mais as correspondentes perdas por transmissão de calor (equação 4.16 item 4.1.5)):

$$Q_{\text{fase secagem}} = M_{\text{ar}} Cp_{\text{ar médio c/x}_a} (t_{e1} - t_{1'}) = M_V \left[r_u + 0,45(t_{1'} - t_u) \right] + \text{ perdas sec.}$$

Na fase de aquecimento do material o ar à temperatura $t_{1'}$ perde calor sensível até a temperatura t_{s1}(incluindo, portanto, também o calor de aquecimento de t_{s1} a $t_{1'}$ da umidade evaporada), a fim de aquecer o material a secar, hipoteticamente até a temperatura t_u, mais as correspondentes perdas por transmissão de calor (equação 4.17 item 4.1.5):

$$Q_{\text{fase aq. MU}} = M_{\text{ar}} Cp_{\text{ar médio c/}x1'} (t_{1'} - t_{s1}) = M_{MU} C_{MU} (t_u - t_a) + \text{ perdas aq.}$$

Ou ainda conforme vimos:

$$Q_{\text{fase aq MU}} = M_{\text{ar}} Cp_{\text{ar médio c/x}_a} (t_{1'} - t_{s1}) = M_{MU} C_{MU} (t_u - t_a) - M_V 0,45(t_{1'} - t_{s1}) + \text{ perdas aq.}$$

A seguir, o ar abandona o secador à temperatura t_{s1} arrastando o calor sensível:

$$Q_{\text{ar saída}} = M_{\text{ar}} Cp_{\text{ar médio c/}x1'} (t_{s1} - t_a)$$

Quantidade de calor esta que inclui não só o calor inicial ainda não aproveitado, como o calor de aquecimento de t_a a t_{s1} da umidade evaporada na fase de secagem propriamente dita (corrigida em $Cp_{\text{ar médio c/}x1'}$).

Equações, que considerando as perdas como um adicional do calor em jogo na fase de secagem e do calor em jogo na fase do aquecimento do material úmido e lembrando que $M_V = M_{\text{ar}}\ (x_{1'} - x_1)$, nos permitem calcular tanto $t_{1'}$ como x_1.

Para uma melhor compreensão, veja o exemplo 6.1.

B – Arbitrar a quantidade de ar em circulação por m^2 de seção do secador M_{ar}/Ω, para definir o valor aproximado do coeficiente geral de transmissão de calor da operação K.

C – Dimensionar, ou seja, calcular o diâmetro D e os comprimentos L_1 e L_2, correspondentes às duas fases de funcionamento do intercambiador, de acordo com o formulário estabelecido neste item.

D – Verificar os valores inicialmente arbitrados e recalcular os elementos a partir do item A, se necessário.

EXEMPLO 6.1

Projetar um secador de tambor rotativo para a secagem de conchas calcárias, cujas características principais são:

Granulometria

3 mm a 25 mm

Massa específica real

$$\rho_m = 2.500 \text{ kg/m}^3$$

Calor específico do material seco

$$C_{M\text{ seco}} = 0{,}217 \text{ kcal/kg°C}$$

Umidade inicial

$$Ui = 16\% \text{ (8\% é interna)}$$

Umidade final desejada

$$Uf = 2,5\%$$

Capacidade de secagem

$$M_M = 30.000 \text{ kg/h de material úmido}$$

Condições ambientes mais desfavoráveis

$$t_a = 32°C \ \varphi_a = 60\% \ x_a = 19 \text{ g/kg ar seco}$$

Para fazer uma análise mais completa do dimensionamento e do desempenho de um secador deste tipo, consideraremos como temperaturas de aquecimento inicial do ar de secagem, 300°C, 400°C, 500°C e 600°C, que são as temperaturas indicadas para a secagem deste tipo de material.

Por outro lado, arbitraremos as temperaturas de saída como sendo 1/3 das temperaturas iniciais e faremos ainda as seguintes considerações preliminares:

Perdas de calor por transmissão, iguais a 10% do calor em jogo.

Velocidade básica do ar, como sendo 1,2 m/s, a qual corresponde à quantidade de ar em circulação por metro quadrado de seção M_{ar}/Ω de 5.184 kg/m^2 h e, portanto, a um coeficiente geral de transmissão de calor K = 4,67 kcal/m^2 h°C (Tabela 6.1).

Os valores achados constam da tabela que segue, onde os valores de t_u foram calculados por iteração com o auxílio das equações 6.3, 2.17 e 2.2 já apresentadas, onde foram considerados os seguintes valores para $Cp_{\text{ar úmido médio}}$:

$$Cp_{\text{ar úmido médio}} = 0,237 + 0,0000366\ t/2 + 0,45x \text{ kcal/kg°C}$$
$$r_0 = 597,24 \text{ kcal/kg}$$

t_{e1}	600°C	500°C	400°C	300°C
t_{s1}	200°C	167°C	133°C	100°C
$Cp_{\text{ar úmido sat. adiab.}}$	0,257 kcal/kg°C	0,255 kcal/kg°C	0,253 kcal/kg°C	0,251 kcal/kg°C
t_u	66,4°C	63,4°C	59,7°C	54,9°C
p_s	210 mm Hg	183 mm Hg	153 mm Hg	121,2 mm Hg
x_s	238 g/kg ar seco	197 g/kg ar seco	157 g/kg ar seco	118 g/kg ar seco

O balanço térmico geral dado pelas parcelas que seguem nos permitirá a determinação de M_{ar} e $x_{1'}$.

$$Q_{ar} = M_{ar} Cp_{ar\ médio\ c/x_a} (t_{e1} - t_a)\ \text{kcal/h}$$

$$Q_{evaporação} = M_V r_a\ \text{kcal/h}$$

$$Q_{aquecimento\ vapor} = M_V 0,45(t_{s1} - t_a)\ \text{kcal/h}$$

$$Q_{aquecimento\ material\ seco} = M_{MS} C_{MS} (t_u - t_a)\ \text{kcal/h}$$

$$Q_{ar\ sa;ida} = M_{ar} Cp_{ar\ médio\ c/x_a} (t_{s1} - t_a)\ \text{kcal/h}$$

Naturalmente, devemos ter:

$$Q_{ar} = Q_{ev} + Q_{aqu.vap.} + Q_{aqu.ms} + Q_{ar\ saída} + Q_{perdas}$$

$$\eta_{término\ secador} = \frac{Q_{ev}}{Q_{ar}}$$

$$\Delta x = x_{1'} - x_a = \frac{M_V}{M_{ar}}$$

Onde faremos:

$$r_a = r_0 - 0,55 t_a = 597,24 - 0,55 \times 32 = 579,64\ \text{kcal/kg}$$

$$M_V = M_M (U_i - U_f) = 30.000(0,16 - 0,025) = 4.050\ \text{kg/h}$$

$$M_{MS} = M_M - M_V = 30.000 - 4.050 = 25.950\ \text{kg/h}$$

$$C_{MS} = 0,217 \times 0,975 + 0,025 = 0,2366\ \text{kcal/kg°C}$$

Os valores achados estão registrados na tabela que segue.

t_{e1}	600°C	500°C	400°C	300°C
$Cp_{ar\ médio\ c/x_a}$ t_a a t_{e1}	0,257 kcal/kg°C	0,255 kcal/kg°C	0,253 kcal/kg°C	0,252 kcal/kg°C
$Cp_{ar\ médio\ c/x_a}$ t_{e1} a t_{s1}	0,260 h kcal/kg°C	0,258 kcal/kg°C	0,255 kcal/kg°C	0,253 kcal/kg°C
$Cp_{ar\ médio\ c/x_a}$ t_{s1} a t_a	0,250 kcal/kg°C	0,249 kcal/kg°C	0,249 kcal/kg°C	0,248 kcal/kg°C
$Q_{EV.}$ kcal/h	2.347.542	2.347.542	2.347.542	2.347.542
$Q_{AQ.\ VAP.}$	306.180	246.037,5	184.072,5	123.930

$Q_{AQ.\,MS}$ kcal/h	211.208,1	192.788,8	170.071,6	140.600,7
Q_{PERDAS} kcal/h	286.493,0	278.636,8	270.168,6	261.207,3
$Q_{AR}\, t_{e1}$ a t_{s1}	3.151.423,1	3.065.005,1	2.971.854,7	2.873.280,0
M_{ar} kg ar seco/h	30.302,2	35.675,3	43.649,2	56.784,2
$x_{1'}$ kg/kg ar seco	0,1526	0,1325	0,1118	0,0903
$Q_{ar}\, t_a$ a t_{e1}	4.423.394,0	4.257.490,3	4.063.915,1	3.834.977,7
$\eta_{\text{térmico secador}}$	53,1%	55,2%	57,8%	61,2%

Para a determinação da temperatura intermediária $t_{1'}$, entre as fases de secagem propriamente dita e a fase de aquecimento do material úmido, devemos fazer o balanço térmico parcial destas duas fases em separado.

Na realidade, nos secadores contínuos contracorrente, na fase de secagem propriamente dita, o ar ambiente aquecido a temperatura t_{e1} perde calor sensível até a temperatura $t_{1'}$ a fim de agregar a umidade evaporada e aquecida até esta temperatura $t_{1'}$, a partir do material hipoteticamente pré-aquecido até a temperatura t_u, incluindo as perdas térmicas.

Na fase de aquecimento do material, o ar agora à temperatura $t_{1'}$ e nestas novas condições (+Δx) perde calor sensível até a temperatura t_{s1}, a fim de aquecer o material úmido, hipoteticamente até a temperatura t_u, incluindo as perdas térmicas.

Nestas condições, podemos escrever:

$$Q_{\text{fase sec}} = M_{ar} Cp_{\text{ar médio c/x}_a} (t_{e1} - t_{1'}) = M_V \left[r_u + 0{,}45(t_{1'} - t_u) \right] + \text{ perdas kcal/h}$$

Ou ainda, separando a parcela $\Delta Q = M_V\, 0{,}45\, (t_{1'} - t_{s1})$, que não tem perdas:

$$Q_{\text{fase sec}} = M_{ar} Cp_{\text{ar médio c/x}_a} (t_{e1} - t_{1'}) = M_V \left[r_u + 0{,}45(t_{s1} - t_u) \right] + \\ + \Delta Q + \text{ perdas kcal/h}$$

$$Q_{\text{fase aq MU}} = M_{ar} Cp_{\text{ar médio c/x}_a 1'} (t_{1'} - t_{s1}) = M_{MU} C_{MU} (t_u - t_a) + \\ + \text{ perdas kcal/h}$$

Tal ocorrência tem como conseqüência uma maior aproximação da temperatura $t_{1'}$, daquela final do processo, caracterizada por t_{s1}.

Assim fazendo:

$$r_u = 597,24 - (1 - 0,45)t_u \text{ kcal/kg} \left(\begin{array}{l}\text{a evaporação se dá} \\ \text{a partir da água à } t_u\end{array}\right)$$

$$C_{MU} = 0,217 \times 0,84 + 0,16 = 0,3423 \text{ kcal/kg °C}$$

Podemos calcular as quantidades de calor que ocorrem nos intercâmbios de calor que se verificam nas duas fases em que hipoteticamente dividimos o processo e, ao mesmo tempo, determinar a temperatura $t_{1'}$, subsídios estes indispensáveis para um dimensionamento mais preciso do secador.

Os valores assim achados constam da tabela que segue:

t_{e1}	600°C	500°C	400°C	300°C
Fase de Aquecimento do material				
$Cp_{\text{ar m.c/}x1'\ 1'\text{a } s1}$	0,3138 kcal/kg°C	0,3034 kcal/kg°C	0,2927 kcal/kg°C	0,2816 kcal/kg°C
$Q_{\text{FASE AQ. MU}}$	353.233,0 kcal/h	322.427,8 kcal/h	284.434,7 kcal/h	235.146,4 kcal/h
$Q_{\text{PERDAS AQ.MU}}$	35.323,3 kcal/h	32.242,8 kcal/h	28.443,5 kcal/h	23.514,6 kcal/h
$Q_{\text{FAS.AQ. c/perdas}}$	388.556,3 kcal/h	354.670,6 kcal/h	312.878,2 kcal/h	258.661,0 kcal/h
$t_{1'}$	240,9°C	199,8°C	157,5°C	116,1°C
Fase de Secagem				
r_u kcal/kg	560,72	562,37	564,41	567,4
$Cp_{\text{ar médio c/xa e1 a 1'}}$	0,2609 kcal/kg°C	0,2588 kcal/kg°C	0,2557 kcal/kg°C	0,2531 kcal/kg°C
$Q_{\text{FASE SEC. parcial}}$	2.514.402,2 kcal/h	2.466.409,5 kcal/h	2.419.449,8 kcal/h	2.378.706,8 kcal/h
ΔQ	74.467,4 kcal/h	59.723,3 kcal/h	44.633,0 kcal/h	29.488,1 kcal/h
$Q_{\text{PERDAS SEC.}}$	251.440,2 kcal/h	246.641,0 kcal/h	241.945,0 kcal/h	237.870,7 kcal/h
$Q_{\text{FASE SEC. total}}$	2.840.309,6 kcal/h	2.779.773,8 kcal/h	2.706.027,8 kcal/h	2.646.065,6 kcal/h
$t_{1'}$	240,7°C	199,7°C	157,6°C	115,9°C

Por sua vez, as dimensões do secador foram calculadas como segue:

A seção transversal Ω nos será dada pela relação entre a quantidade de ar em deslocamento M_{ar} e esta mesma quantidade referida à seção do secador, que foi arbitrada inicialmente em M_{ar}/Ω = 5.184 kg/m^2 h, a qual definiu também o valor do coeficiente de transmissão de calor K = 4,67 kcal/m^{2}h°C.

$$\Omega = \frac{M_{ar} \text{ kg/h}}{5.184 \text{ kg/m}^2 \text{ h}} \text{m}^2$$

Enquanto as superfícies de intercâmbio de calor S, como o fluxo é bem definido e todas as temperaturas envolvidas são conhecidas, podem ser calculadas diretamente em função da diferença de temperatura média logarítmica.

Entretanto é importante lembrar que, como os calores envolvidos durante as fases de aquecimento e evaporação incluem as perdas por transmissão de calor através das paredes do secador, estas devem ser descontadas.

Assim, para a fase de aquecimento, onde a temperatura t_2 é variável:

$$Q_{\text{fase aquecimento MU}} = \text{K S } \Delta t_{\ln} = \text{K S} \frac{(t_{1'} - t_u) - (t_{s1} - t_a)}{\ln \dfrac{t_{1'} - t_u}{t_{s1} - t_a}}$$

E para a fase de secagem, onde a temperatura $t_{e2} = t_{s2} = t_u$:

$$Q_{\text{fase secagem}} = \text{K S } \Delta t_{\ln} = \text{K S} \frac{(t_{e1} - t_u) - (t_{1'} - t_u)}{\ln \dfrac{t_{e1} - t_u}{t_{1'} - t_u}}$$

Poderíamos igualmente calcular as superfícies de intercâmbio S, com o auxílio da equação 4.19 ou ainda adotando o processo de cálculo de intercambiadores por meio do conceito de Número de Unidades de Transferência NTU.

Entretanto, também nestes casos, como os calores em jogo incluem as perdas por transmissão de calor através das paredes do secador, as capacidades caloríficas do corpo quente $M_1C_1 = M_{as}Cp_{ar}$ devem ser reduzidas dos valores correspondentes a estas perdas.

Lembrando finalmente que aproximadamente S = $k\,\pi DL$ = ~12 πDL, podemos igualmente calcular os comprimentos correspondentes:

$$L = \frac{\text{S}}{12\,\pi D} = \frac{\text{S}}{37{,}7\,D} \text{ m}$$

Todas as dimensões das 4 situações em análise, que decorrem das equações anteriores estão registradas na tabela que segue:

$t_{secagem}$	600°C	500°C	400°C	300°C
M_{ar} kg/h	30.302,2	35.675,3	43.649,2	56.784,2
Ω m^2	5,85	6,88	8,42	10,95
D m	2,73	2,96	3,27	3,73
Fase de aquecimento do material				
$Q_{FASE\ AQ.MU}$ s/perdas Δt_{ln} $S_{FASE\ AQ.\ MU}$	353.233,0 kcal/h 171,18°C 441,87 m^2	322.427,8 kcal/h 135,70°C 508,79 m^2	284.434,7 kcal/h 99,39°C 612,81 m^2	235146,4 kcal/h 64,49°C 780,78 m^2
Fase secagem				
$Q_{FASE\ SEC.}$ s/perdas Δt_{ln} $S_{FASE\ SEC.}$	2.588.869,4 kcal/h 321,2°C 1.725,91 m^2	2.526.132,8 kcal/h 257,95°C 2.097,03 m^2	2.464.082,8 kcal/h 194,48°C 2.713,09 m^2	2.408.194,9 kcal/h 132,45°C 3.893,34 m^2
S_{TOTAL} m^2	2.167,78 m^2	2.605,82 m^2	3.325,9 m^2	4.674,12 m^2
$L_{fase\ aq.mu}$	4,29 m	4,56 m	4,97 m	5,55 m
$L_{fase\ secagem}$	16,77 m	18,79 m	22,01 m	27,69 m
T_{TOTAL}	21,06 m	23,35 m	26,98 m	33,24 m
L/D	7,71	7,89	8,25	8,91

Como verificação final, convém calcular as perdas reais de transmissão de calor, arbitradas em 10% do calor em jogo na fase de evaporação e 5% do calor em jogo na fase de aquecimento.

Para isto faremos:

$$Q_{perdas} = \mathrm{K\,S}\,\Delta t_{ln} + \mathrm{K}\,\pi D L_{ev} \frac{(t_{e1} - t_u) - (t_{1'} - t_u)}{\ln \dfrac{t_{e1} - t_u}{t_{1'} - t_u}} +$$

$$+\mathrm{K}\,\pi D L_{aq} \frac{(t_{1'} - t_u) - (t_{s1} - t_{e2})}{\ln \dfrac{t_{1'} - t_u}{t_{s1} - t_{e2}}}$$

O valor de K para um cilindro girando em velocidades periféricas inferiores a 0,5 m/s sem isolamento pode ser considerado para o caso como sendo $K = \alpha = 6$ kcal/m^{2}h°C.

O que indicaria perdas cerca de até 15 vezes superiores às arbitradas, de modo que teremos que reduzir este coeficiente de transmissão de calor para valores de até 0,4 kcal m^{2}h°C, o que se consegue com uma camada de isolamento de lã de vidro, que, dependendo da temperatura de operação escolhida, pode atingir os 100 mm.

Conclusões

Da análise numérica feita conclui-se que para uma descarga específica de ar $M_{ar} = 5.180$ kg/m^2 h:

a – O tamanho do secador (D, L) depende da capacidade desejada e da temperatura do ar aquecido.

b – O rendimento térmico do secador depende fundamentalmente da relação L/D, de tal forma que rendimentos superiores a 60% exigem relações L/D da ordem de 9.

c – A temperatura do ar aquecido é fundamental para a redução do tamanho do secador.

d – As perdas por transmissão e calor nestes tipos de secadores são elevadas e exigem isolamentos adequados, para reduzi-las a valores aceitáveis.

e – Das soluções apresentadas, naturalmente aquela que adota a mais alta temperatura do ar, é a mais econômica no investimento, embora apresente um rendimento térmico levemente inferior às demais.

Como observação final, é interessante lembrar que secadores deste tipo, operando em altas temperaturas, com material de difícil contaminação, geralmente usam, em vez de ar aquecido, os produtos diretos da combustão da lenha ou do gás natural.

Neste caso, pequenas alterações devem ser levadas em conta, como a presença de um maior conteúdo de umidade e um calor específico diverso daquele correspondente ao ar ambiente.

Assim, para obter-se a temperatura de 600°C:

a – Para o caso de usar lenha de Eucalipto, deveremos operar com um coeficiente de excesso de ar da ordem de $n = 3{,}6$ e, nestas condições, deveremos igualmente considerar:

Um calor específico molar para os produtos da combustão assim obtidos (m = 29,22):

$$mCp_{\text{gases}} = 6,98 + 0,0012t + 0,45x \text{ kcal/kg°C}$$

Um conteúdo de umidade, além do já existente no ar ambiente de Δx = 27,4g /kg de produto da combustão seco.

b – Para o caso do gás natural (CH_4), cujo poder calorífico inferior é da ordem de 13.300 kcal/kg, deveremos operar com um excesso de ar de n = 5,0 e, nestas condições, deveremos igualmente considerar:

Um calor específico molar para os produtos da combustão assim obtidos (m = 29,13):

$$mCp_{\text{gases}} = 6,94 + 0,00116t + 0,45x \text{ kcal/kg°C}$$

Um conteúdo de umidade, além do já contido no ar ambiente de Δx = 30g/kg de produto da combustão seco.

6.2 – SECADOR A AR QUENTE TIPO TÚNEL

Os secadores a ar quente tipo túnel são constituídos de uma câmara alongada, por onde circula o material a secar.

O ar quente normalmente se desloca em contracorrente em relação ao material, mas é comum também a disposição de fluxo transversal, quando o melhor contato entre o ar e o material a secar assim o indicar (deslocamento por esteiras, sobretudo de materiais em chapas).

O que caracteriza os secadores do tipo túnel é a maneira como o material a secar é deslocado no seu interior.

Assim, podemos citar:

a) O sistema de tendal, no qual o material a secar é deslocado suspenso por meio de correntes transportadoras.

Nestas condições, consegue-se um maior contato entre a ar e o material, quando este se apresenta na forma de peças individuais, tecidos, meadas, pedaços ou mesmo chapas que possam ser penduradas.

b) O sistema de esteira metálica perfurada, onde o material é depositado formando um leito de secagem de espessura que, dependendo do tipo de material a secar, pode atingir os 10 cm.

Neste tipo de montagem, o fluxo preferido é o transversal, sendo o comprimento total do túnel não raramente dividido em setores, com o que se pretende variar a temperatura de secagem ao longo do equipamento.

Um exemplo bem característico deste tipo de montagem é o dos secadores BERNAUER adotados pela Petroflex Indústria e Comércio S.A., maiores produtores de borracha sintética do Brasil.

Estes secadores têm dimensões de 35 m × 4 m × 4,5 m e são divididos em 5 setores, sendo o último de esfriamento do produto.

Cada setor dispõe de um exaustor de 10.000 kg/h e de três a sete recirculadores de igual capacidade, a fim de intensificar a transferência de calor do processo.

O ar de exaustão é refugado para a atmosfera, por conter produtos voláteis que poderiam alterar a cor ou mesmo contaminar a borracha.

As temperaturas do ar aquecido variam de acordo com a zona, atingindo o máximo na zona 3, onde o valor não ultrapassa os 105°C e a produção é de cerca de 8.000 kg/h de SBR seca.

A Figura 6.4 nos mostra o esquema transversal de uma das zonas de secagem, onde estão registradas as temperaturas e as umidades relativas do ar de saída de cada uma delas. A Figura 6.4a mostra o esquema longitudinal deste secador, caracterizando as diversas zonas que o constituem com seus respectivos módulos de recirculação.

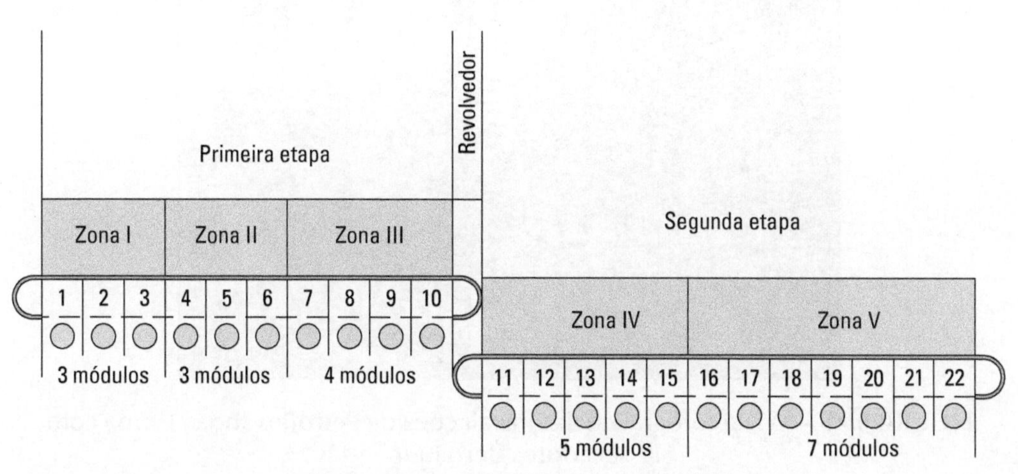

FIGURA 6.4a — Esquema longitudinal.

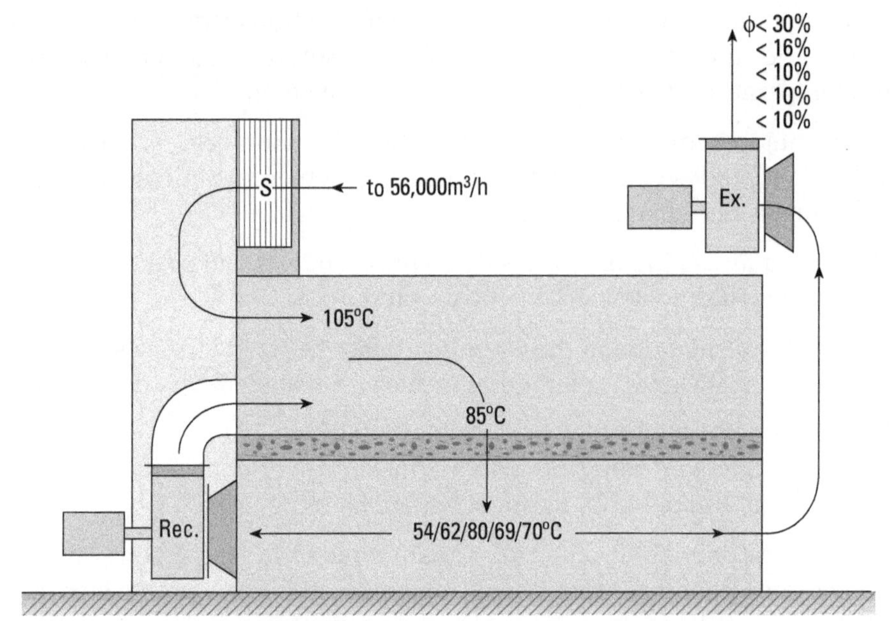

FIGURA 6.4 — Esquema transversal.

A figura 6.4b nos mostra uma vista geral deste equipamento

FIGURA 6.4b — Vista fotográfica das instalações da Petroflex Ind. e Com., com secadores Bernauer.

Outro exemplo bem mais simples de secadores de esteira metálica é o secador para folhas de papelão, onde a esteira propriamente dita serve apenas de suporte para estruturas metálicas teladas de dimensões de 2,5 m × 2,0 m, distanciadas de 0,25 m uma da outra e inclinadas de 45° onde são depositadas as folhas de 2 m × 2 m de papelão.

O ar se desloca em fluxo transversal a uma temperatura máxima de 80°C.

Um secador deste tipo com dimensões de 11,5 m × 4,0 m × 3,5 m mantém uma superfície de contato da ordem de 200 m^2 e trabalha com 20.000 kg/h de ar seco.

O papelão entra no secador com uma umidade de 70% e sai com uma umidade residual de 10%.

A produção é da ordem de 5.000 kg/dia de papelão seco e o rendimento atingido é de 58% (Figura 6.5).

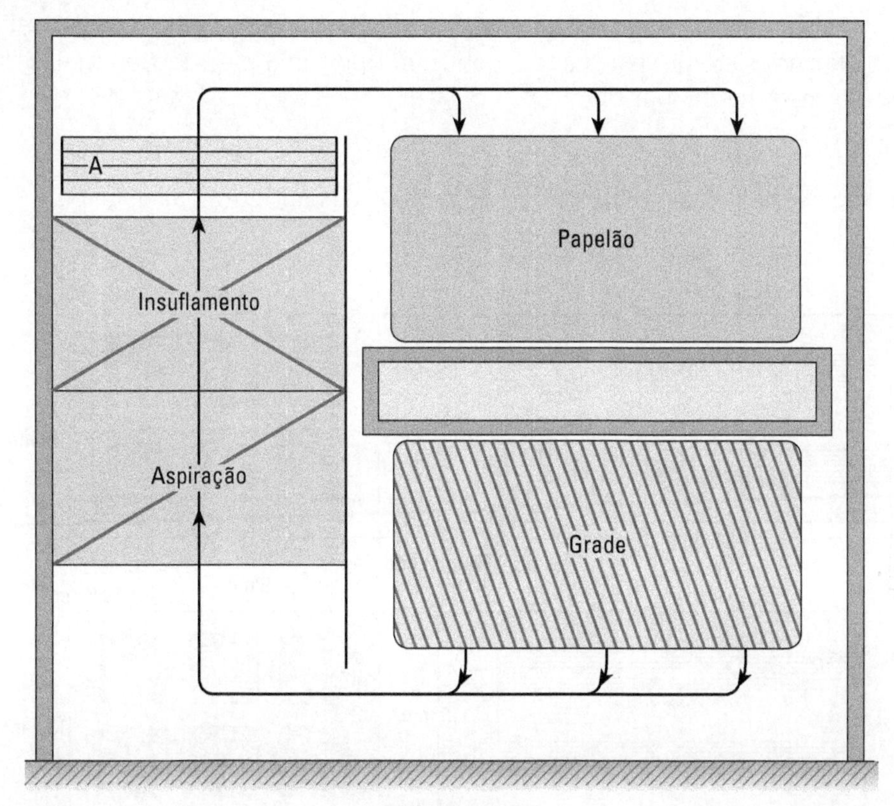

FIGURA 6.5

c) O sistema de esteiras de tecido permeável, onde o excesso de umidade é drenado naturalmente, antes do processo de secagem propriamente dito.

Este sistema é usado para a secagem de pastas que se depositam em forma de lâminas contínuas, como acontece com a celulose e o papel.

d) O sistema de carrinhos transportadores, processo largamente usado na indústria onde os materiais a secar podem ser acondicionados em prateleiras ou mesmo em forma de tendal, devido à sua praticidade e simplicidade.

Os carrinhos são de pequeno porte para fácil manuseio e, se deslocam da entrada para a saída por gravidade em trilhos com uma inclinação de cerca de 1,5%.

Exemplos característicos destes tipos de secadores são aqueles de peças de cerâmica, como tijolos, pisos e azulejos.

O cálculo de um secador do tipo túnel se assemelha ao já apresentado para os secadores do tipo tambor rotativo, sobretudo aqueles de carrinhos, onde o fluxo adotado é sempre o fluxo contracorrente.

EXEMPLO 6.2

Projetar um sistema de secagem contínuo tipo túnel para 10.000 tijolos de cerâmica vermelha por dia.

VALORES EM JOGO:

Os tijolos são do tipo 6 furos com as dimensões da Figura 6.6.

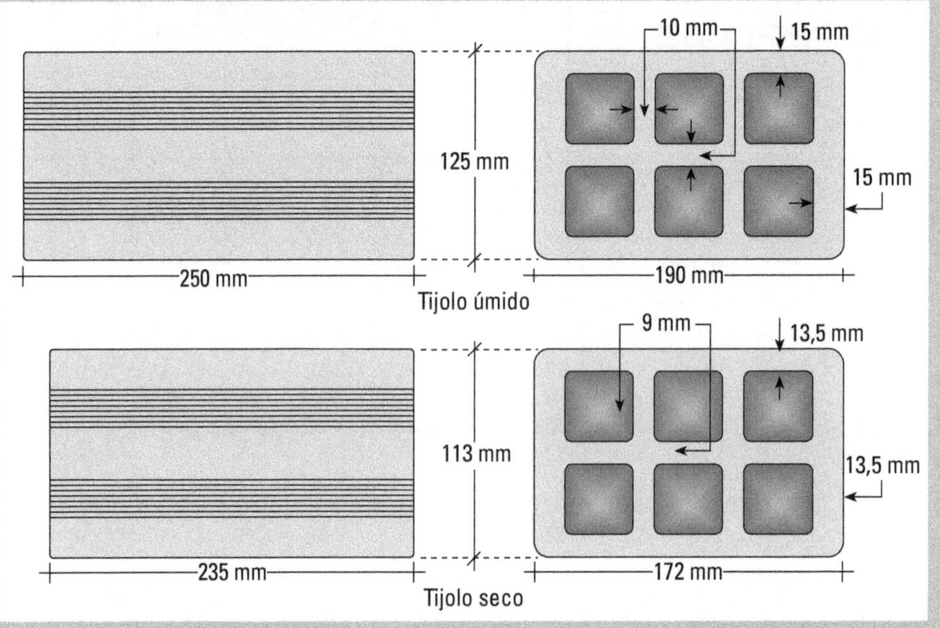

FIGURA 6.6

O peso de cada tijolo é de 5,5 kg quando úmido e 4,5 kg quando seco.

O calor específico do tijolo úmido é de 0,346 kcal/kg°C e, do seco é de 0,20 kcal/kg°C.

A superfície de contato com o ar de cada tijolo é de 0,35 m^2.

De acordo com a Tabela 3.2 o tempo de secagem é de 24h a 48h e a temperatura máxima a adotar é de 75°C.

ACOMODAÇÃO:

Para uma melhor operação, os túneis terão uma seção de 1,10 m × 1,70 m, enquanto os carrinhos ou vagonetes para acomodar 6 × 6 × 6 = 216 tijolos terão um comprimento de 1,70 m (Figura 6.7).

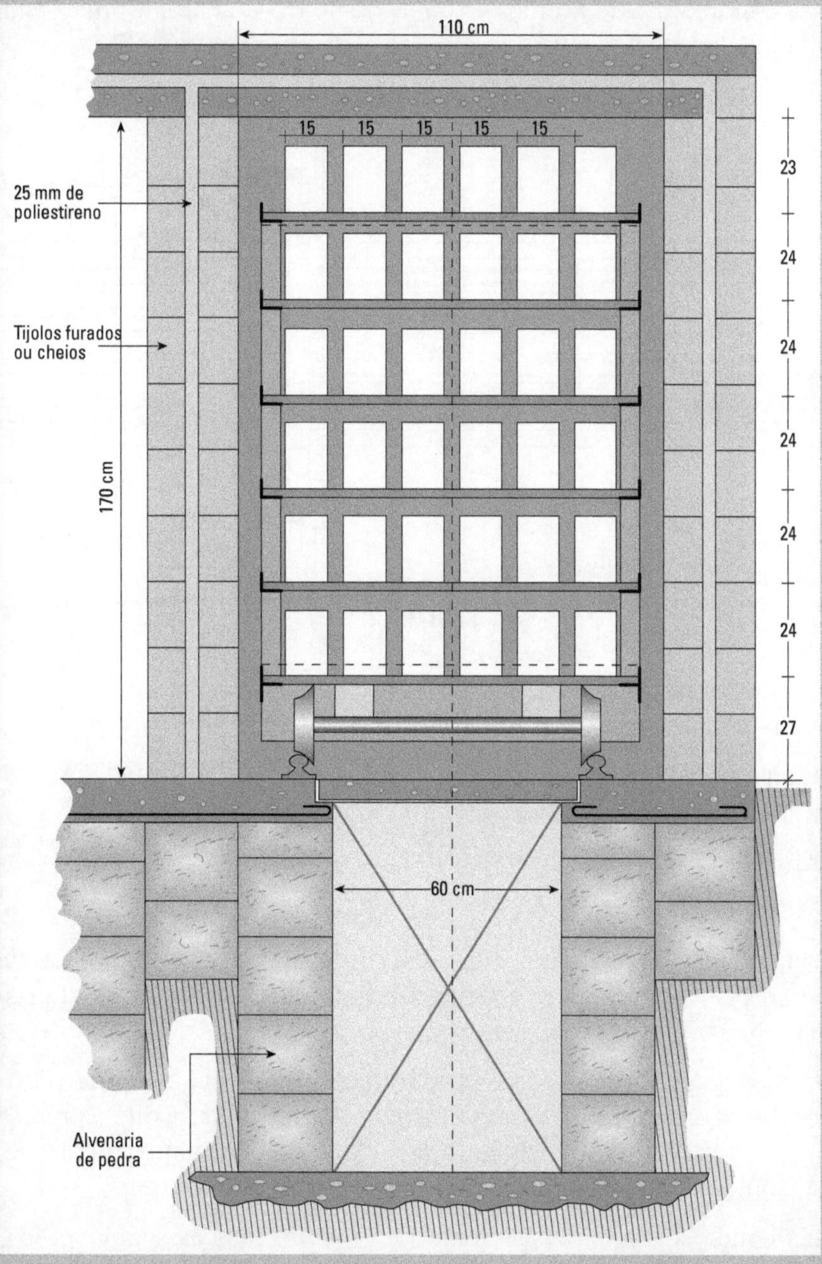

FIGURA 6.7

Imaginando o tempo de secagem máximo de 48 h, o túnel ou os túneis deverão acomodar 20.000 tijolos, o que corresponde a:

$$\frac{20.000 \text{ tijolos}}{216} = 92,6 \text{ carrinhos} \quad \text{ou} \quad 92,6 \times 1,70 \text{ m} = 158 \text{ m de túneis}$$

Nestas condições, adotaremos 4 túneis de 40 m cada um, os quais alojarão 5.000 tijolos dispostos em 23 vagonetes cada um (Figura 6.8).

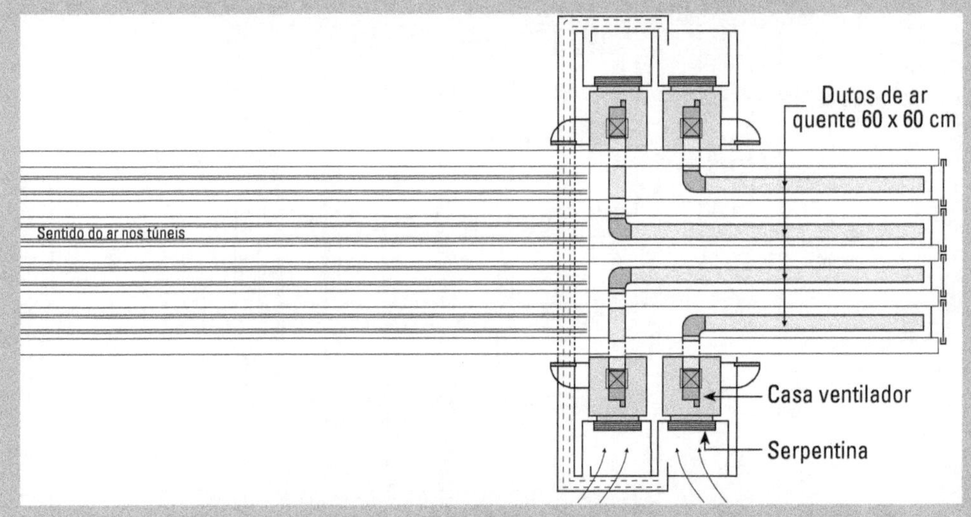

FIGURA 6.8

Os vagonetes serão executados em cantoneiras de ferro e pesarão 250 kg cada um, com um calor específico de 0,11 kcal/kg°C.

Para uma análise mais completa do processo de secagem em estudo, consideraremos como condições ambientes as duas condições-limites:

INVERNO – t_a = 5°C e φ_a = 80%

VERÃO – t_a = 32°C e φ_a = 60%

Por outro lado, arbitraremos a umidade relativa no final da fase de evaporação em φ_s = 70%, que conforme veremos não acarretará condensações indesejáveis no fim do processo.

Fixaremos igualmente as perdas por transmissão de calor através das paredes do secador, durante a fase de secagem propriamente dita, como sendo 10% do calor total de aquecimento do ar e, na fase de aquecimento do material, como um adicional de 10% do calor em jogo nesta fase.

Nestas condições, a carta psicrométrica nos fornece as seguintes leituras (Figura 6.9):

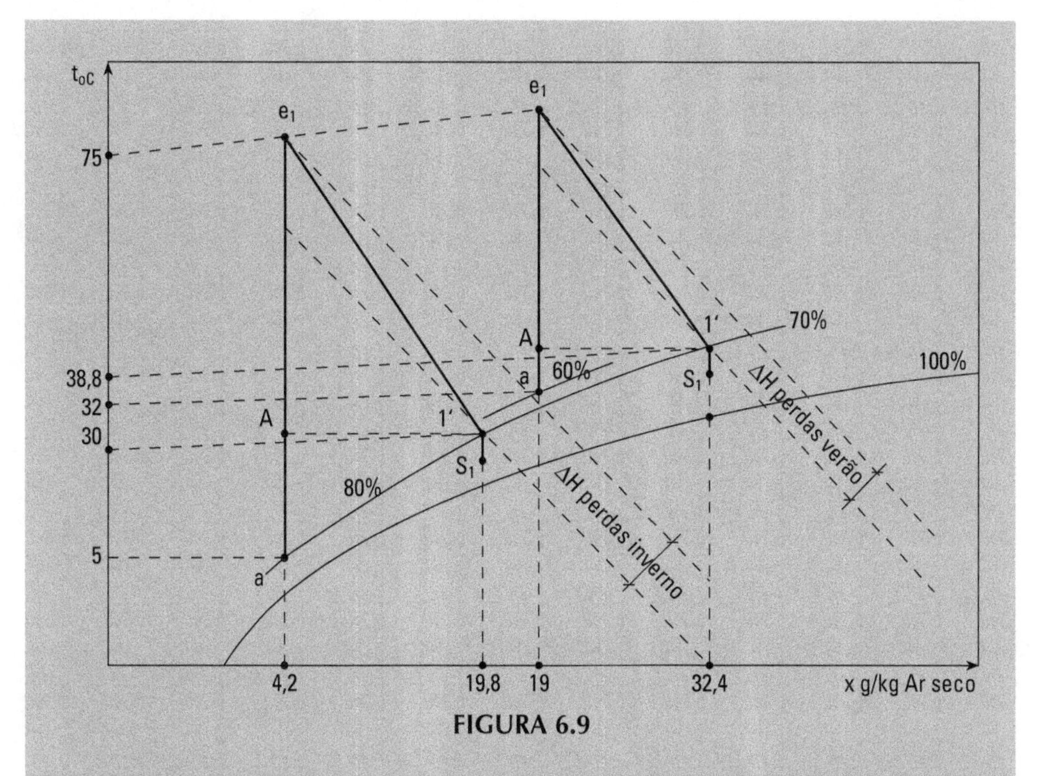

FIGURA 6.9

Inverno	Verão
$t_a = 5°C$	$t_a = 32°C$
$\varphi_a = 80\%$	$\varphi_a = 60\%$
$x_a = 4,2$ g/kg ar seco	$x_a = 19$ g/kg ar seco
$H_a = 3,9$ kcal/kg ar seco	$H_a = 19,28$ kcal/kg ar seco
$t_{e1} = 75°C$	$t_{e1} = 75°C$
$H_{e1} = 20,73$ kcal/kg ar seco	$H_{e1} = 29,94$ kcal/kg ar seco
$t_u = 27°C$	$t_u = 34°C$
$\Delta H = 16,83$ kcal/kg ar seco	$\Delta H = 10,66$ kcal/kg ar seco
$\Delta H_{\text{perdas sec}} = 1,683$ kcal/kg ar seco	$\Delta H_{\text{perdas sec}} = 1,06$ kcal/kg ar seco
$H_{1'} = 19,05$ kcal/kg ar seco	$H_{1'} = 28,88$ kcal/kg ar seco
$H_A = 9,91$ kcal/kg ar seco	$H_A = 21,0$ kcal/kg ar seco
$t_{1'} = 30°C$	$t_{1'} = 38,8°C$
$x_{1'} = 19,8$ g/kg ar seco	$x_{1'} = 32,4$ g/kg ar seco
$\Delta x = 15,6$ g/kg ar seco	$\Delta x = 13,4,$ g/kg ar seco

Assim, considerando que as quantidades de materiais e umidade a ser retirada em cada túnel nos são dadas pelas expressões seguintes:

$$M_V = \frac{5.000(5,5-4,5)\text{ kg}}{48\text{ h}} = 104,17\text{ kg/h}$$

$$M_{M\text{ seco}} = \frac{5.000\times 0,45\text{ kg}}{48\text{ h}} - 468,75\text{ kg/h} \qquad C_{M\text{ seco}} = 0,2\text{ kcal/kg°C}$$

$$M_{M\text{ úmido}} = \frac{5.000\times 0,45\text{ kg}}{48\text{ h}} = 572,92\text{ kg/h} \qquad C_{M\text{ úmido}} = 0,346\text{ kcal/kg°C}$$

$$M_{\text{vagonetas}} = \frac{23\times 250\text{ kg/vag.}}{48\text{ h}} = 120\text{ kg/h} \qquad C_{\text{vag.}} = 0,11\text{ kcal/kg°C}$$

Podemos calcular:

$$M_{\text{ar}} = \frac{M_V\text{ kg/h}}{\Delta x\text{ kg/kg ar seco}}$$

$$Q_{\text{ar}} = M_{\text{ar}}(H_{e1} - H_a) = M_{\text{ar}} Cp_{\text{ar médio c/x}_a}(t_{e1} - t_a)\text{ kcal/h}$$

$$Q_{\text{fase sec}} = M_V\left[r_u + 0,45(t_{1'} - t_u)\right] + 0,1Q_{\text{ar kcal/h}}$$

Onde r_u = 597,24 – (1 – 0,45)t_u kcal/kg, já que no caso a evaporação se dá à t_u.

$$Q_{\text{fase sec}} = M_{\text{ar}} Cp_{\text{ar médio c/x}_a}(t_{e1} - t_{1'})\text{ kcal/h}$$

$$Q_{\text{fase aq MU}} = 1,1 M_{MU} C_{MU}(t_u - t_a) + 1,1 M_{\text{vag}} C_{\text{vag}}(t_{e1} - t_a)$$

$$Q_{\text{fase aq MU}} = M_{\text{ar}} Cp_{\text{ar médio c/}x1'}(t_{1'} - t_{s1})\text{ kcal/h}$$

OBS: Os tijolos, devido à sua umidade, são aquecidos somente até a temperatura do termômetro úmido t_u do ar de entrada, enquanto os carrinhos durante a fase que precede a evaporação propriamente dita são aquecidos até a temperatura $t_{1'}$, embora até a saída do secador o seu aquecimento possa atingir a temperatura t_{e1}.

O balanço geral é apropriado como segue:

$$r_a = 597,24 - (1 - 0,45)t_a$$

$$Q_{\text{ev}} = M_V r_a = 104,17\text{ kg/h } r_a\text{ kcal/kg kcal/h}$$

$$Q_{\text{aq vapor}} = M_V 0,45(t_{s1} - t_a)\text{ kcal/h}$$

$$A_{\text{aq MS}} = M_{MS} C_{MS}(t_u - t_a)\text{ kcal/h}$$

$$Q_{\text{perdas}} = 0,1Q_{\text{ar}} + \frac{Q_{\text{fase aq MU}}}{11}\text{ kcal/h}$$

$$Q_{\text{ar saída}} = M_{\text{ar}} Cp_{\text{ar médio c/x}_a}(t_{s1} - t_a)\text{ kcal/h}$$

Naturalmente, deve verificar-se:

$$Q_{ar} = Q_{ev} + Q_{aq\ vapor} + Q_{aq\ MS} + Q_{ar\ saída} + Q_{perdas}\ \text{kcal/h}$$

$$\eta t_{sec} = \frac{Q_{ev}}{Q_{ar}}$$

Os valores obtidos na ordem para as grandezas relacionadas acima, assim como os elementos que delas decorrem, estão relacionados na tabela que segue, para as duas situações em análise do funcionamento do secador (inverno e verão).

ITEM	GRANDEZA	INVERNO	VERÃO
1	M_V kg/h	104,17	104,17
2	Δx g/kg ar seco	15,6	13,4
3	M_{ar} kg/h	6.677,6	7.773,9
4	$Cp_{ar\ médio\ c/x_a}$ a a e_1 kcal/kg°C	0,2404	0,2475
5	Q_{ar} kcal/h = $f(t)$	112.370,6	82.733,7
6	Q_{ar} kcal/h = $f(H)$	(112.364)	(82.870)
7	$t_{1'}$	30°C	38,8°C
8	r_u kcal/kg	582,39	578,54
9	$Cp_{ar\ médio\ c/x_{1'}}$ e_1 a s_1 kcal/kg°C	0,2408	0,2475
10	$Q_{FASE\ SEC.}$ $f(t)$ kcal/h	72.358,5	69.650,3
11	$Q_{FASE\ SECAGEM}$ $f(M_V)$ kcal/h	72.045,3	68.764,9
12	$Cp_{ar\ médio\ c/x_{1'}}$ 1′ a s_1, kcal/kg°C	0,2469	0,2527
13	$Q_{FASE\ AQ.\ MU}$ kcal/h $f(MU)$	5.721,2	1.003,7
14	t_{s1}	26,53°C	38,29°C
15	φ_{s1}	87%	72%
	BALANÇO GERAL		
16	r_a kcal/kg	594,49	579,64
17	$Q_{EV.}$ kcal/h	61.928,0	60.381,1
18	$Q_{AQ.\ VAPOR}$ kcal/h	1.026,6	295,8
19	$Q_{AQ.\ MS\ e\ VAG.}$ kcal/h	2.986,5	755,1
20	$Cp_{ar\ médio\ c/x_a}$ s_1 a a kcal/kg°C	0,2395	0,2468
21	$Q_{AR\ SAIDA}$ kcal/h	34.432,6	12.048,8
22	Q_{PERDAS} kcal/h	11.809,2	8.373,8
23	$\eta_{t\ sec.}$	55,1%	73%

Observação: As pequenas discrepâncias de valores das grandezas calculadas com o auxílio da Carta Psicrométrica se devem à imprecisão das leituras.

Por outro lado, devemos calcular ainda as perdas reais de transmissão de calor através das paredes do secador, as quais foram arbitradas inicialmente nos valores que constam da tabela anterior.

Com efeito:

$$Q_{\text{perdas}} = \text{K S } \Delta t$$

Onde o valor de K para um isolamento econômico de 25 mm de lã de vidro (k = 0,045 kcal/m^{2}h°C), nos seria dado por:

$$\text{K} = \frac{1}{\dfrac{1}{\alpha_1} + \dfrac{1_{\text{tijolo}}}{k_{\text{tijolo}}} + \dfrac{1_{\text{isol}}}{k_{\text{isol}}} + \dfrac{1}{\alpha_e}} = \frac{1}{\dfrac{1}{20} + \dfrac{0,23}{0,84} + \dfrac{0,025}{0,045} + \dfrac{1}{20}} = 1,08 \text{ kcal/m}^2\text{h°C}$$

O valor de S = 40 (1,7 + 1,7 + 1,1) = 180 m^2 e o perímetro do alicerce P = 1,10 + 1,10 + 40 + 40 = 82,20 m, para o qual selecionamos um coeficiente de transmissão de calor K′ = 1,2 kcal/m^{2}h°C.

Enquanto Δt é a diferença de temperatura média logarítmica entre o interior e o exterior do secador, dada por:

$$\Delta t_{\ln} = \frac{(t_1 - t_a) - (t_{s1} - t_u)}{\ln \dfrac{t_1 - t_a}{t_{s1} - t_a}}$$

Expressão que nos fornece $\Delta t_{\ln}$ = 41,1°C para o inverno e $\Delta t_{\ln}$ = 19,1°C para o verão.

De modo que podemos calcular:

$$Q_{\text{PERDAS}} = [1,08 \text{ kcal/m}^2\text{h°C} \times 180 \text{ m}^2 + 1,2 \text{ kcal/m}^2\text{h°C} \times 82,20 \text{ m}] \, \Delta t_{\ln}$$

$$Q_{\text{PERDAS}} = 293,4 \, \Delta t_{\ln} = 12.058,7 \text{ kcal/h no inverno e } 5.603,9 \text{ kcal/h no verão}$$

Valores estes que se identificam com o arbitrado no inverno e são bastante inferiores ao arbitrado no verão.

Quanto à superfície S de intercâmbio de calor entre o ar e o material a secar que resultou do tempo de secagem arbitrado inicialmente de 48 h, a qual vale 5.000 tijolos × 0,35 m²/tijolo = 1.750 m², ser suficiente para as trocas térmicas programadas, podemos verificar como segue:

Lembrando que a fase de aquecimento do material representa, no máximo, 5% do processo de transferência de calor que se verifica no secador, nos ateremos apenas à fase de secagem propriamente dita, onde na pior situação (verão) se verificam:

As temperaturas: $t_{e1} = 75°C$ $t_{1'} = 38{,}8°C$ $t_u = 34°C$

E as trocas de calor que se verificam neste caso valem:

$$Q_{\text{FASE SEC.}} - \text{Perdas} = 68.764{,}9 \text{ kcal/h} - 8.273{,}4 \text{ kcal/h} = 60.491{,}5 \text{ kcal/h}$$

De modo que podemos calcular:

$$Q_{ev} = \text{K S } \Delta t$$

A diferença de temperatura a considerar deve ser a diferença de temperatura média logarítmica.

Embora o fluxo seja definido como contracorrente, como a temperatura do material a secar é constante, a diferença de temperatura média logarítmica se torna independente deste e podemos calcular simplesmente:

$$\Delta t_{\ln} = \frac{(t_{e1} - t_u) - (t_{1'} - t_u)}{\ln \dfrac{t_{e1} - t_u}{t_{1'} - t_u}} = \frac{(75°C - 34°C) - (38{,}8°C - 34°C)}{\ln \dfrac{75°C - 34°C}{38{,}8°C - 34°C}} = 16{,}88°C$$

De modo que obtemos:

$$\text{K S} = \frac{Q_{ev}}{\Delta t_{\ln}} = \frac{60.491{,}5 \text{ kcal/h}}{16{,}88°C} = 3.583{,}6 \text{ kcal/h°C}$$

Igual valor poderíamos obter, a partir do processo de cálculo do Número de Unidades de Transferência NTU, adotando para R = 0, com o auxílio de qualquer um dos diagramas das Figuras 4.3, 4.4, 4.5.

E podemos concluir que, mesmo considerando para o coeficiente de transmissão de calor o valor mínimo recomendado por PERRY para o caso que é K = 3 kcal/m²h°C, obteríamos uma superfície de intercâmbio S = 1.195 m², valor este bastante inferior à superfície disponível.

CONCLUSÕES:

a – Face às temperaturas do ar de saída do secador, que tanto no inverno (26,53°C), como no verão (38,29°C), são superiores às suas respectivas temperaturas de orvalho (24°C e 32,2°C), pode-se garantir que não haverá condensação da umidade na parte final do secador.

b – Devido aos baixos valores destas temperaturas de saída, em relação às temperaturas ambientes, os rendimentos térmicos obtidos são bastante elevados, notando-se que o seu valor aumenta com a redução da diferença de temperatura $(t_{s1} - t_a)$.

c – Face à acomodação inicial do material, a superfície de interface ar-material a secar é bastante superior à necessária, conforme cálculo conservativo anterior.

Nestas condições, é de se pressupor a possibilidade do aumento da produção prevista em cerca de 40%.

Assim, tomaremos como parâmetros básicos para o dimensionamento dos elementos acessórios do secador, como fontes de calor, ventiladores de movimentação do ar e suas canalizações, os seguintes valores:

$$M_{\text{ar máximo}} = 1,4 \times 7.773,9 \text{ kg/h} \pm = 10.883,5 \text{ kg/h } (3,023 \text{ kg/s})$$

$$Q_{\text{ar máximo}} = 10.883,5 \text{ kg/h} \times 0,241 \text{ kcal/kg°C} \times (75°\text{C} - 5°\text{C}) = $$
$$= 196.719,3 \text{ kcal/h}$$

ELEMENTOS ACESSÓRIOS:

a) FONTES DE CALOR

Como a temperatura de secagem é relativamente baixa (75°), optamos por fazer o aquecimento indireto do ar por meio de serpentinas de vapor ou por meio de geradores de ar quente tipo CALORÍFERO.

No primeiro caso, seriam usados os seguintes equipamentos:

Caldeira de vapor saturado de 10 kgf/cm^2 de pressão efetiva com capacidade de 1.000 kg/h para atender os 4 túneis.

Para uma mais fácil regulagem, 4 serpentinas, uma para cada túnel trabalhando com vapor a 1,4 kgf/cm^2 (125,5°C) com as seguintes características:

Tubos de aço MANESMANN Schedule 40 de diâmetros 19 mm ×25 mm com aletas circulares de 15 mm de altura distanciadas de 6 mm umas das outras, fixadas por meio de solda e galvanizadas a fogo, com a seguinte disposição:

Número de fileiras $n = 4$

Disposição desencontrada

Área de face $\Omega_f = 1{,}03\ m^2$ (1,0 m × 1,03 m)

No segundo caso, seriam usados, para uma mais fácil regulagem, 4 CALORÍFEROS com capacidade para fornecer cada um 10.883,5 kg/h de ar aquecido a 75°C.

Donde uma quantidade de calor de 196.719,3 kcal/h

Considerando que o calorífero em questão tem um rendimento térmico η_t = 60%, o calor em jogo seria de 327.865,5 kcal/h, o que corresponderia a um consumo de lenha de Eucalipto ou Acácia de cerca de 89 kg/h.

Nestas condições, podemos sugerir as seguintes características (Figuras 6.10a e 6.10b):

Dimensões externas:

Comprimento – 3,88 m; largura – 1,82 m; altura – 3,37 m

Quantidade de tubos de ferro fundido de 98 mm × 110 mm:

55 de 3 m

Câmara de combustão:

1,7 m × 0,92 m × (0,54 m a 0,74 m)

Grelha:

1,42 m × 0,67 m

Porta da câmara:

0,63 m × 0,70 m

Chaminé:

Diâmetro – 0,36 m; altura – 4,0 m

Cinzeiro:

Largura – 0,67 m; altura – 0,4 m

Entrada de ar:

0,50 m × 0,20 m

Câmara de mistura do ar:

1,32 m × 0,63 m × 3,12 m

Registro de entrada do ar exterior:

0,50 m × 0,63 m

Tomada do ventilador para o ar quente:

Diâmetro – 0,7 m

b) VENTILADORES

O sistema deverá dispor de 4 ventiladores, tipo LIMIT LOAD (de pás voltadas para trás) com as seguintes características de funcionamento:

Vazão = 3,0 m^3/s a 75°C (3,043 kg/s)

$\Delta p_{total} = 70\ mmH_2O$

tanto para a solução serpentinas como para a solução CALORÍFERO.

Para uma aspiração do ar a 8 m/s, os modelos a serem usados serão o de dupla aspiração com 50 cm de diâmetro de rotor para a solução das serpentinas e o de simples aspiração com 70 cm de diâmetro de rotor para a solução dos caloríferos, os quais serão acoplados a motores de 5 cv cada um.

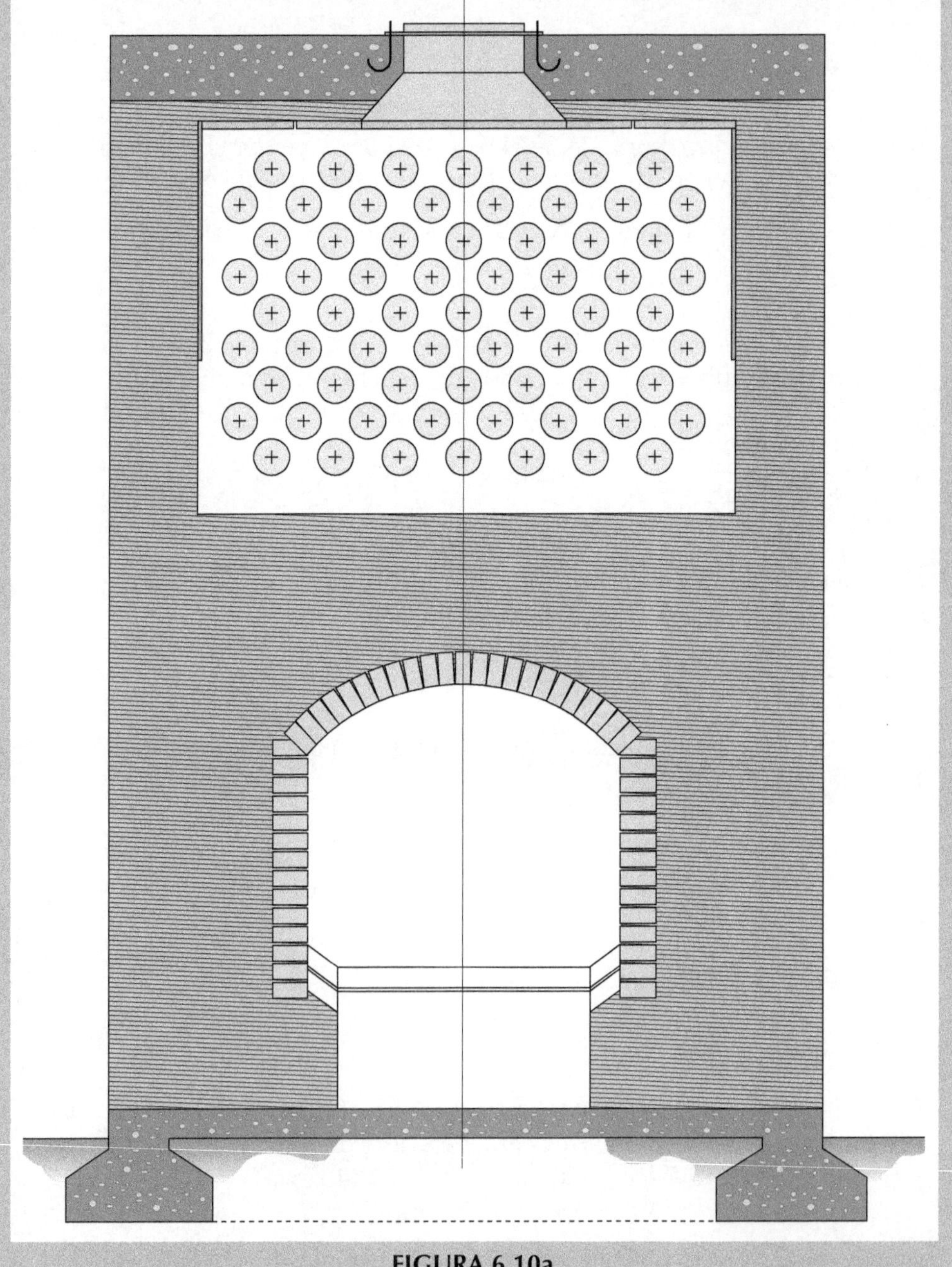

FIGURA 6.10a

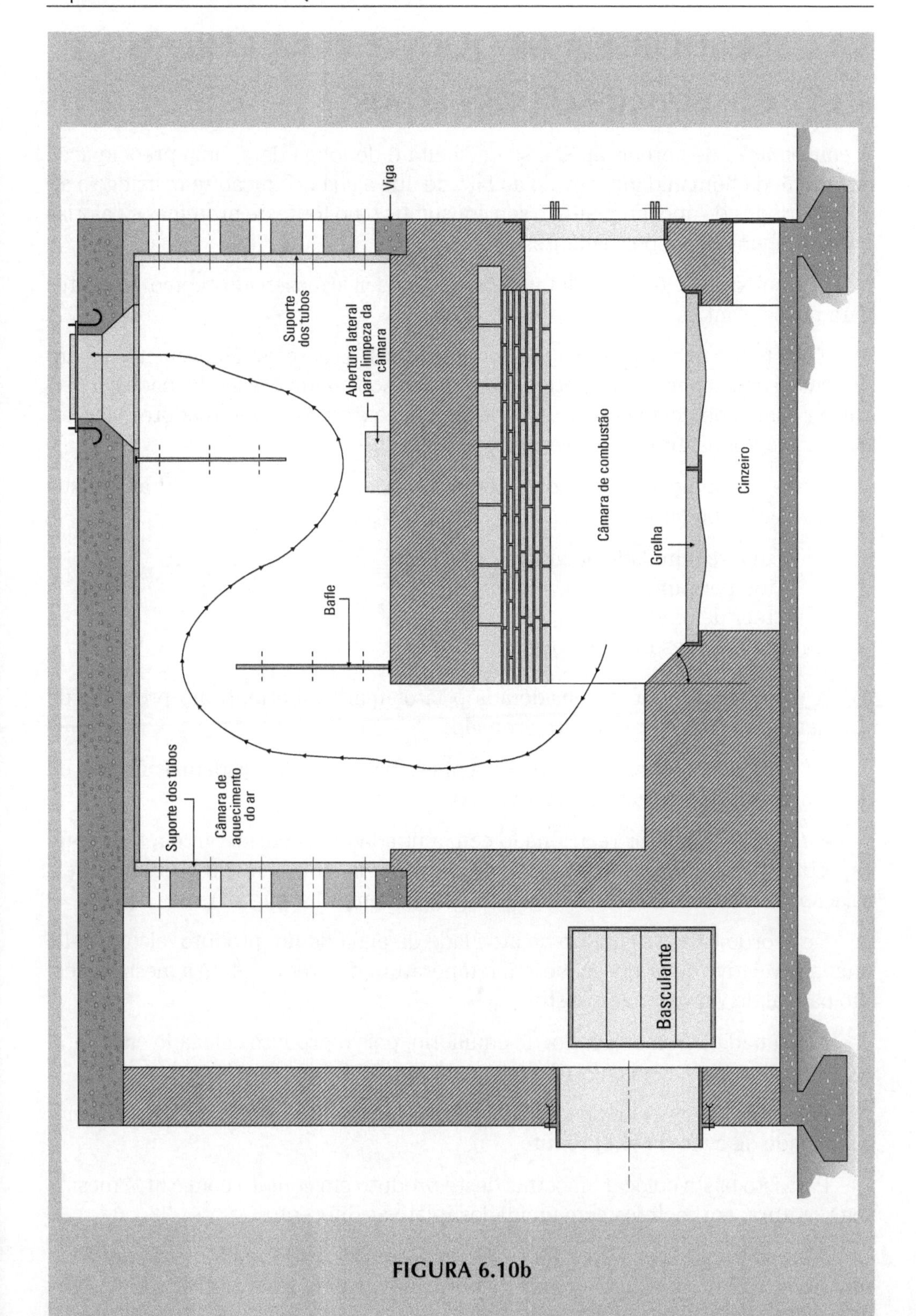
Viga
Suporte dos tubos
Abertura lateral para limpeza da câmara
Câmara de combustão
Cinzeiro
Grelha
Bafle
Suporte dos tubos
Câmara de aquecimento do ar
Basculante

FIGURA 6.10b

6.3 – SECADORES A AR QUENTE PARA CEREAIS

6.3.1 – CONSERVAÇÃO DOS CEREAIS

A conservação de cereais após a sua colheita é de longa data, uma preocupação constante da humanidade, devido ao fato de que a sua produção se restringe a alguns períodos do ano, enquanto o seu consumo como fonte de proteínas e calorias para a alimentação é permanente.

Por outro lado, os cereais também devem ser armazenados como sementes para novos plantios.

Entretanto, como qualquer produto perecível, os cereais estão sujeitos, quando armazenados por longos períodos de tempo sob condições inadequadas, a perdas de qualidade devidas ao ataque de agentes externos, como roedores, ácaros, insetos, bactérias, fungos e leveduras.

Entre as condições que podem afetar a conservação dos grãos durante a sua armazenagem, podemos citar:

O teor de umidade do grão
A temperatura
O teor de oxigênio
As condições iniciais do grão

a) A umidade do grão é considerada o fator mais importante no processo de deterioração dos cereais armazenados.

Se a umidade pode ser mantida em níveis baixos, todos os demais fatores de deterioração terão seus efeitos reduzidos.

Na realidade o fator relacionado com a umidade, a considerar, é a tensão de vaporização da água na superfície do produto, a qual normalmente é definida pela relação chamada *atividade de água* W_A (veja item 3.1.2 pág 30).

De acordo com a definição de atividade de água de um produto, ela é igual à umidade relativa do ar que, à mesma temperatura do produto, tem a mesma pressão parcial do vapor d'água deste.

Esta umidade relativa é dita de equilíbrio, pois o produto colocado em contato com o ar nestas condições não sofrerá alteração de sua umidade.

Baseados no conceito de umidade relativa de equilíbrio, podemos determinar a atividade de água de um produto.

Para isto basta colocar amostras deste produto em contato com o ar, à mesma temperatura, em recintos com umidades relativas diferentes.

A amostra que não sofrer alteração de peso indicará o ambiente de umidade relativa igual à de equilíbrio, a qual numericamente será igual à atividade de água do produto para a temperatura de teste.

A atividade de água depende, de uma maneira geral, da natureza do produto, do seu teor de umidade e da temperatura.

Assim, para os cereais podemos relacionar os valores que constam das Tabelas 6.2, 6.3, 6.4 e 6.5.

TABELA 6.2 — ATIVIDADE DE ÁGUA DA SOJA EM GRÃO, FUNÇÃO DA TEMPERATURA E DA UMIDADE RELATIVA DO AR AMBIENTE

μ%	t =10°C	t = 15°C	t = 20°C	t = 25°C	t = 30°C	t = 38°C
8	0,310	0,390	0,460	0,510	0,550	0,600
10	0,505	0,550	0,590	0,620	0,645	0,685
12	0,610	0,650	0,680	0,700	0,715	0,750
14	0,680	0,710	0,735	0,755	0,770	0,810
16	0,740	0,755	0,800	0,820	0,835	0,870
18	0,790	0,830	0,865	0,890	0,910	1,000
20	0,850	0,905	0,950	0,980	1,000	1,000

TABELA 6.3 — ATIVIDADE DE ÁGUA DO MILHO EM GRÃO, FUNÇÃO DA TEMPERATURA E DA UMIDADE RELATIVA DO AR AMBIENTE

μ%	t = 10°C	t = 15°C	t = 20°C	t = 25°C	t = 30°C	t = 38°C
8	0,200	0,225	0,250	0,270	0,290	0,335
10	0,270	0,310	0,350	0,390	0,430	0,530
12	0,400	0,460	0,520	0,580	0,635	0,715
14	0,580	0,630	0,680	0,725	0,770	0,830
16	0,730	0,765	0,800	0,835	0,865	0,905
18	0,825	0,855	0,885	0,910	0,935	0,970
20	0,895	0,920	0,945	0,970	0,990	1,000

TABELA 6.4 — ATIVIDADE DE ÁGUA DO ARROZ EM GRÃO, EM FUNÇÃO DA TEMPERATURA E DA UMIDADE RELATIVA DO AR AMBIENTE

μ%	t = 10°C	t = 15°C	t = 20°C	t = 25°C	t = 30°C	t = 38°C
8	0,155	0,170	0,185	0,200	0,215	0,235
10	0,240	0,280	0,320	0,360	0,400	0,505
12	0,450	0,510	0,570	0,625	0,680	0,750
14	0,660	0,700	0,740	0,780	0,820	0,860
16	0,775	0,805	0,835	0,865	0,890	0,940
18	0,845	0,875	0,905	0,935	0,960	1,000
20	0,905	0,935	0,965	0,990	1,000	1,000

TABELA 6.5 — ATIVIDADE DE ÁGUA DO TRIGO EM GRÃO, FUNÇÃO DA TEMPERATURA E DA UMIDADE RELATIVA DO AR AMBIENTE

μ%	t = 10°C	t = 15°C	t = 20°C	t = 25°C	t = 30°C	t = 35°C
8	0,255	0,260	0,268	0,276	0,286	0,290
10	0,385	0,390	0,394	0,398	0,405	0,415
12	0,485	0,490	0,492	0,496	0,502	0,510
14	0,608	0,615	0,624	0,632	0,640	0,650
16	0,750	0,760	0,766	0,774	0,786	0,800
18	0,838	0,845	0,852	0,860	0,866	0,870
20	0,890	0,895	0,900	0,904	0,907	0,910

Abaixo de 0°C (produtos congelados), a atividade de água torna-se independente da natureza do produto e passa a depender apenas da temperatura, de acordo com a Tabela 6.6:

TABELA 6.6 — ATIVIDADE DE ÁGUA DOS CEREAIS EM GRÃO, PARA TEMPERATURAS INFERIORES A O°C

T°C	–5°C	–10°C	–15°C	–20°C
W_A	0,953	0,907	0,864	0,823

O conhecimento da umidade relativa de equilíbrio é fundamental não só para caracterizar as condições mais adequadas de armazenagem dos grãos, como para estabelecer a necessária retirada de umidade nos processos de secagem destinados à conservação dos mesmos.

Assim, sabendo-se que a atividade de água mínima necessária para o desenvolvimento da maior parte dos microorganismos é de 0,68, ou de uma maneira descriminada, de 0,75 a 0,97 para as bactérias, de 0,62 a 0,90 para os fungos e leveduras, podemos estabelecer, em função da temperatura de conservação dos grãos por períodos de um ano, os seguintes limites do teor de umidade dos mesmos (Tabela 6.7)

TABELA 6.7 — LIMITES DO TEOR DA UMIDADE RECOMENDADOS, PARA A CONSERVAÇÃO DE CEREAIS EM GRÃO, POR PERÍODOS DE UM ANO

Cereal	$t = 20°C$	$t = 25°C$	$t = 30°C$	$t = 35°C$
Soja	12%	11,5%	11%	10%
Milho	14%	13%	12,5%	11,5%
Arroz com casca	13%	12,5%	12%	11%
Trigo	14,5%	14,5%	14%	14%

b) Quanto à temperatura, como seu valor juntamente com a umidade é que definem a atividade de água de cada produto, seu controle se torna importante na conservação dos cereais.

Como a umidade pode ser mais facilmente reduzida por processo de secagem, a temperatura que pode ser facilmente detectada passa a ter um papel fundamental nos processos de armazenagem de grãos.

Além disto, tanto os insetos e ácaros, como os microorganismos, se desenvolvem mais rapidamente dentro de limites de temperaturas bem definidos:

Insetos – >18°C
Ácaros – de 5°C a 30°C
Fungos – > 25°C
Bactérias – indefinida, mas só com umidades superiores a 30%

Baseados nas considerações anteriores, BURGES e BURREL (1964) estabeleceram diagrama que caracteriza, em função da temperatura e umidade, as zonas de risco na armazenagem de grãos (Figura 6.11)

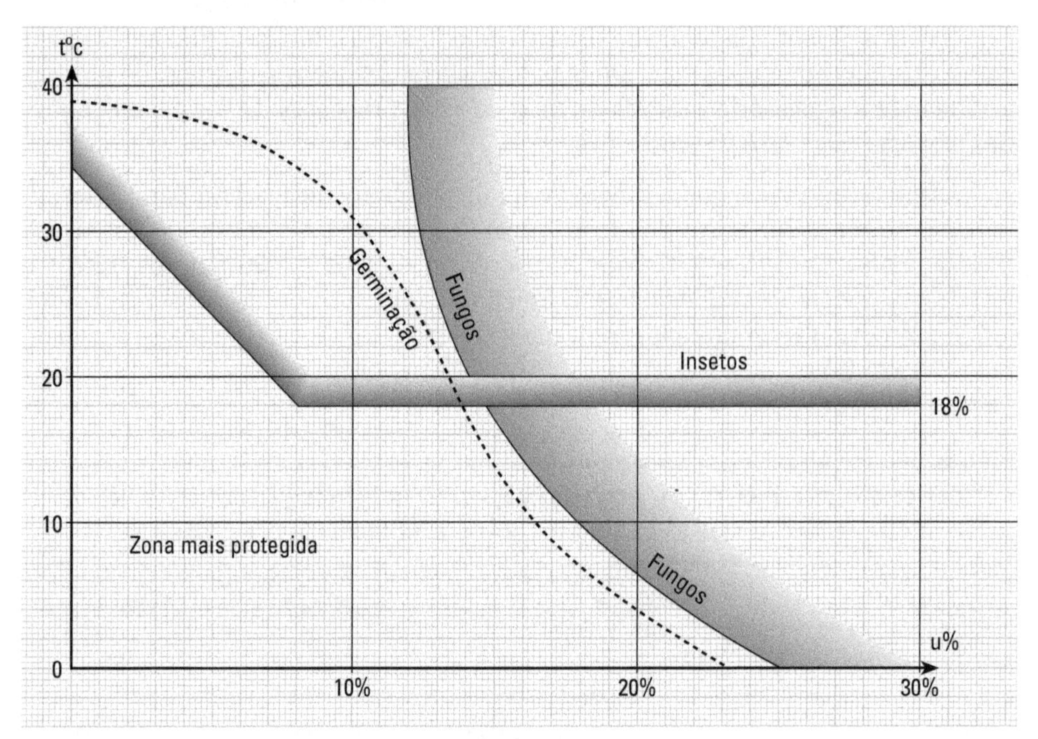

FIGURA 6.11

c) Quanto ao teor de O_2, como a maioria dos organismos que se desenvolvem nos cereais é aeróbia, a redução do teor de oxigênio da massa dos grãos contribui para uma melhor conservação dos mesmos.

Este é o princípio adotado nos sistemas de armazenamentos herméticos, onde apenas o metabolismo destes organismos e do próprio cereal é capaz de reduzir o teor de oxigênio dos mesmos para cerca de 2% em poucos dias, o que acarretará a exterminação da maior parte dos elementos nocivos.

d) Quanto às condições iniciais dos grãos, ou seja as suas características físicas, químicas e biológicas (poder germinativo e infestação), estão relacionadas com a sua natureza, processo de colheita e técnicas de limpeza, os quais em conjunto definem a resistência dos mesmos aos agentes externos nocivos.

6.3.2 – ARMAZENAGEM DE CEREAIS

Os sistemas de armazenagem de cereais, quanto ao contato com o meio ambiente, podem ser classificados em herméticos, a meio ambiente ou com aeração.

Nos sistemas herméticos, a armazenagem é feita em recintos completamente fechados (silos), onde o teor de oxigênio é reduzido para inibir o desenvolvimento da maior parte dos agentes nocivos.

A redução do oxigênio pode resultar naturalmente do metabolismo dos grãos e dos microorganismos, mas pode também ser intensificada por meio de combustão ou mesmo adição de gases inertes como CO_2 ou Nitrogênio.

Neste caso, o material é colocado em silos verticais ou horizontais, que são recintos herméticos, construídos de chapa metálica ou concreto.

Estes silos, quanto à sua situação em relação ao terreno, podem ser classificados em elevados, semi-enterrados e subterrâneos.

Um tipo bastante simples e econômico de silo subterrâneo é o silo trincheira, lançado diretamente no solo e coberto com lona plástica.

A armazenagem se diz a meio ambiente quando o produto é colocado em recintos em contato com o ar.

Neste caso, o acondicionamento dos grãos pode ser em sacos ou a granel.

Quando em sacos, estes são colocados em armazéns convencionais, como depósitos, paióis, galpões celeiros, etc.

Quando a granel, estes são colocados nos chamados armazéns graneleiros, os quais podem ser:

Em disposição horizontal com galeria de carga superior e fundo plano ou em V para facilitar a descarga.

Este tipo de armazenagem ao ar natural se presta apenas para a conservação do produto por períodos curtos de tempo.

Quanto à aeração, antigamente a técnica adotada para manter economicamente a qualidade dos grãos armazenados por longos períodos de tempo, evitando a ação dos insetos e dos fungos, era a sua movimentação em contato com o ar.

Esta técnica, entretanto, além de exigir equipamentos especiais de movimentação do produto, necessita de espaços adicionais para o seu manuseio.

Atualmente, a aeração dos grãos armazenados, isto é a movimentação do ar através dos grãos sem virá-los, por meio de ventiladores, tem-se mostrado uma técnica econômica e eficiente para a preservação da qualidade do produto sem quebrá-lo.

Ela é indicada especialmente na armazenagem plana, onde a movimentação dos grãos é mais difícil.

A aeração dos grãos serve para remoção de odores, uniformização de sua temperatura (a fim de evitar a migração da umidade), aplicação de fumegantes, o resfriamento e, eventualmente, a secagem parcial dos mesmos.

O ar de ventilação pode ser vantajosamente tratado (ar condicionado), técnica bastante dispendiosa, mas que permite uma conservação (sobretudo de sementes) mais eficiente e duradoura.

6.3.3 – TIPOS DE SECADORES DE CEREAIS

Os secadores a ar quente contínuo de cereais são quase que exclusivamente do tipo torre, no qual o material se desloca de cima para baixo por gravidade.

Normalmente, o fluxo de ar neste tipo de secadores é transversal, entrando o ar por aberturas praticadas em uma das paredes externas e saindo por aberturas idênticas da parede oposta.

O problema maior destes secadores é o baixo fator de contato do ar quente com o material a secar, devido ao deslocamento muito rápido do produto e a passagem única do ar na torre, o que resulta em um rendimento térmico baixo e a necessidade de o cereal percorrer o secador, várias vezes.

Além disto, o ar quente inicialmente entra em contato com o material com o teor de umidade ainda elevado, o que aumenta mais a possibilidade de quebra do mesmo.

Desde a sua concepção inicial, este tipo de secador tem sofrido um sem número de alterações em sua disposição construtiva, todas elas tendendo a aumentar o tempo de queda do material e facilitar a transferência de calor do ar quente para o mesmo.

Destas disposições, sem dúvida, a mais interessante foi a apresentada no início do século passado pela firma alemã MIAG, a qual é até hoje em princípio a solução mais adotada.

Nesta disposição, a seção da torre, onde o material entra em contato com o ar, é preenchida por várias fileiras horizontais de canaletas em forma de V invertido, fixadas a duas paredes externas opostas da torre.

Num dos pontos extremos de fixação, estas fileiras de canaletas são vazadas, criando aberturas triangulares, alternadamente ora numa parede ora noutra, de modo a permitir a entrada do ar numa lateral do secador e a saída do mesmo na lateral oposta.

Tal montagem não só melhora a distribuição do cereal e do ar, como reduz a velocidade de queda e aumenta o fator de contato ar–produto.

Dentro desta concepção, o grupo KEPLER WEBER com mais de 80 anos de tradição e, sem dúvida, o maior fabricante nacional de equipamentos para processamento de grãos, fabrica vários modelos destes secadores.

- O modelo A é destinado à secagem de arroz e trabalha com temperaturas de 50°C a 60°C com circulação única do ar quente (Figura 6.12).

Ele é fabricado em 3 tamanhos, com capacidades de processamento de 5, 10 e 15 t/h, respectivamente, retirando uma base de 5% de umidade do produto.

Seus ventiladores são de 20, 40 e 60 cv, respectivamente, e suas alturas variam de 13 m a 20 m.

Como característica dimensional importante, eles processam de 200 a 320 kg/h de produto por m^2 de área de base.

- O modelo R é destinado à secagem tanto de arroz como de soja, trigo, milho e cevada, trabalha com temperaturas de 110°C com recuperação do calor do material que deixa o secador (Figura 6.13).

Ele é fabricado em 7 tamanhos, com capacidades de processamento de soja de 9, 20, 30, 40, 60, 80 e100 t/h, retirando uma base de 5% de umidade do produto. Seus ventiladores são de 10, 15, 25, 30, 45, 75, 90 cv, respectivamente, e suas alturas variam de 9 m a 28 m.

Como característica dimensional importante, eles têm uma área de base que processa cerca de 500 a 1.500 kg/h de cereal por metro quadrado.

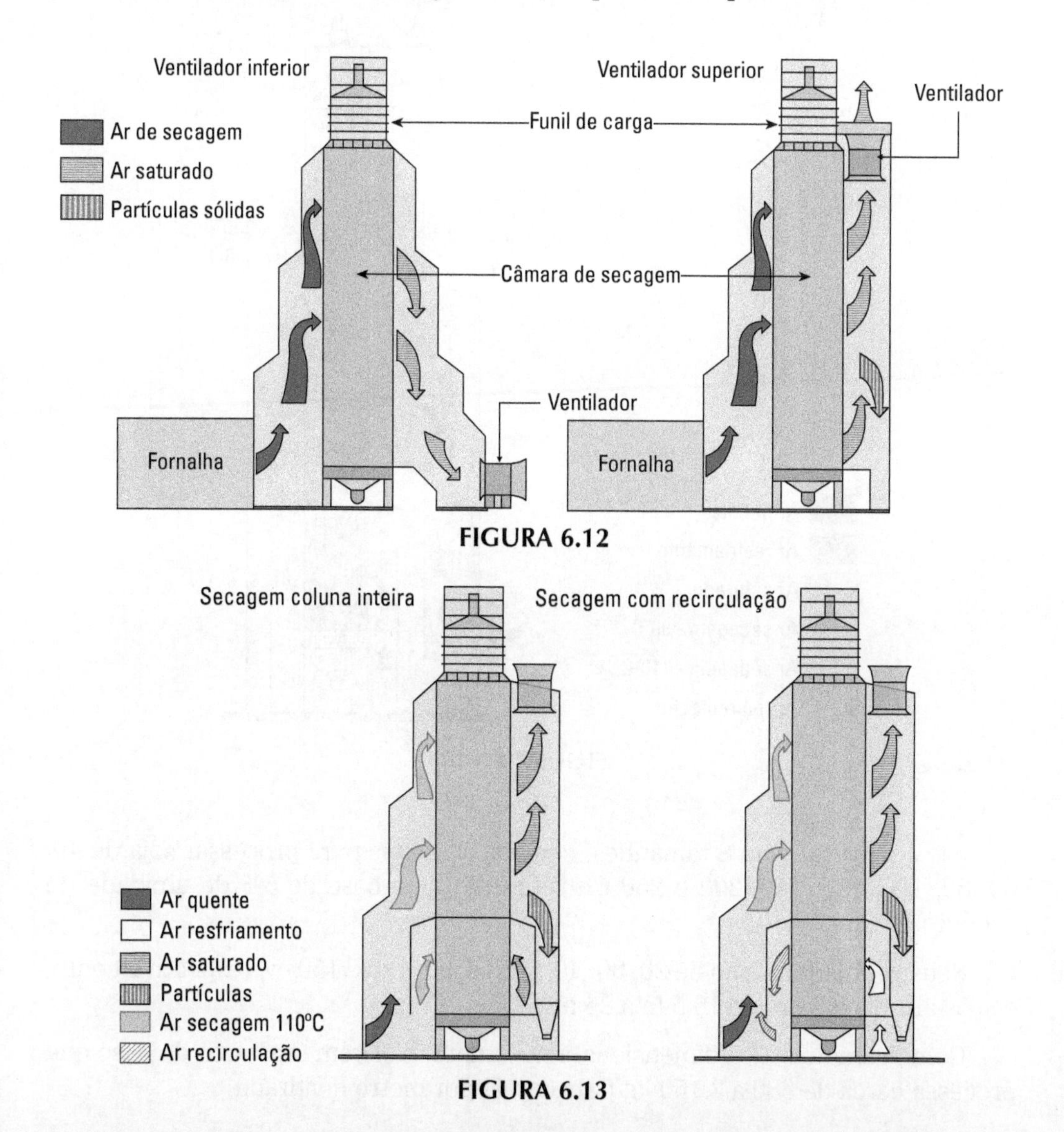

FIGURA 6.12

FIGURA 6.13

- O modelo DRM é a versão mais econômica da KEPLER WEBER, ele é destinado à secagem de soja e milho, trabalha com ar quente, a uma temperatura que varia de 90°C a 110°C, e a sua torre de secagem é dividida na sua vertical em três setores.

O setor inferior funciona com ar exterior para recuperar o calor do material que deixa o secador, ar este que, ao sair deste setor, é misturado com o ar aquecido e alimenta o próximo setor à temperatura de apenas 90°C.

O ar deste segundo setor misturado com o ar aquecido, até atingir a temperatura de 110°C, circula pelo setor superior, donde é rejeitado para o exterior (Figura 6.14).

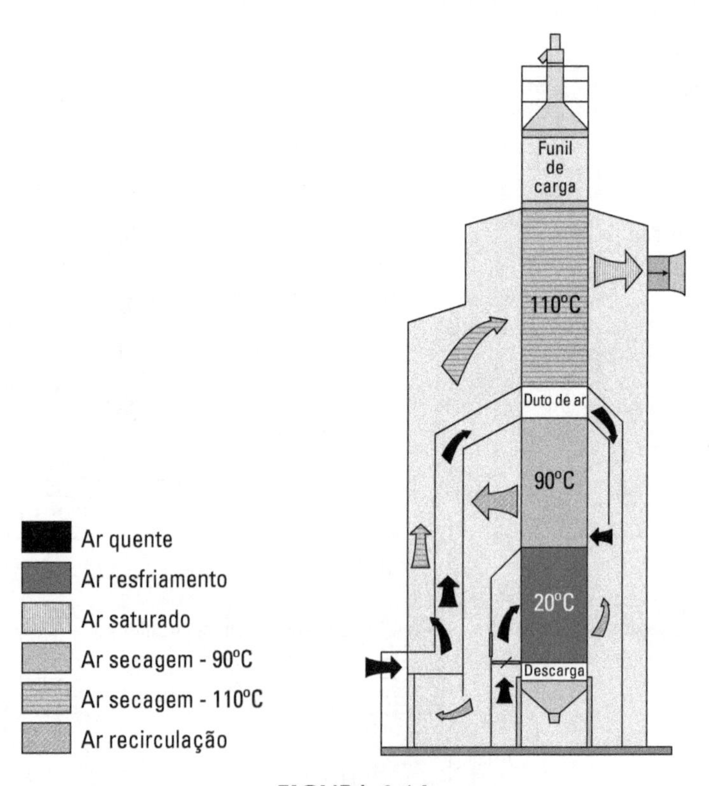

FIGURA 6.14

Ele é fabricado em 8 tamanhos, com capacidades para processar soja de 40, 60, 80, 100, 125, 150, 200 e 250 t/h retirando uma base de 5% de umidade do produto.

Seus ventiladores são de 20, 30, 40, 60, 75, 90, 120 e 150 cv, respectivamente, e suas alturas variam de 16,5 m a 26 m.

Como característica dimensional importante, eles têm uma área de base que processa cerca de 880 a 2.150 kg/h de cereal por metro quadrado.

Conforme informação que consta no catálogo do fabricante, este modelo de secador é de alto rendimento térmico, apresentando para o milho valores de 54% a 56%.

Observação: Em todos os secadores de cereais do tipo contínuo da KEPLER WEBER o ar é aquecido por meio de fornalhas de fogo direto, alimentadas à lenha ou casca de arroz.

Eventualmente nos secadores de grande porte, são usados queimadores de FUEL OIL ou gás natural.

Não podemos deixar de citar, nesta obra, um tipo de secador de cereal diferente dos apresentados até agora, por ter sido o ponto de partida para a concepção de um secador contínuo tipo torre, mas com fluxo contracorrente.

Tal secador apareceu na década de 1940 com o nome de secador CAMPANA e era fabricado pela METALÚRGICA FERRO ARTE LTDA.

Basicamente, este secador era do tipo vertical, mas visando aumentar o tempo de queda de cereal e assim reduzir o número de passagens deste pelo secador, a câmara de secagem era dividida horizontalmente por meio de 5 prateleiras basculantes perfuradas, onde era depositado o material numa camada de 20 cm de espessura.

A queda do material era controlada por um mecanismo externo que provocava a báscula progressiva das prateleiras de baixo para cima, de modo que o material caía da primeira e era a seguir alimentado pela segunda e assim por diante.

Entretanto, o fluxo do ar nestes equipamentos era transversal e o seu rendimento térmico, devido à passagem única do ar em contato com o cereal, era precário.

Na década de 1960, o secador CAMPANA foi modificado pelo autor deste compêndio, o qual aproveitando a facilidade da queda controlada do cereal passou o fluxo do ar de transversal para contracorrente, ao mesmo tempo em que fez com que o tempo de queda do cereal fosse aquele necessário para que a secagem se completasse numa única passagem pelo secador.

Os resultados obtidos foram excepcionais, no que diz respeito à uniformidade da secagem, à quebra dos grãos e, sobretudo, no rendimento térmico da operação.

Infelizmente, devido à complexidade do mecanismo de basculação, que não só onerava o equipamento, como exigia uma manutenção permanente, este sistema foi mais tarde abandonado.

Entretanto, vinte anos depois, motivado por colegas que desejavam um secador simples e de pequeno porte que pudesse ser levado até a lavoura, o autor concebeu, dentro do princípio do secador CAMPANA MODIFICADO, um secador cujo controle da queda do cereal fosse realmente simples.

Tal secador que recebeu o nome de secador SANTA HELENA, realmente, além de agregar todas as vantagens já comprovadas ao longo do tempo do secador CAMPANA MODIFICADO, apresenta uma simplicidade e compaticidade impressionantes.

Face às modificações introduzidas, este secador ficou assim contituído (Figura 6.15):

- Leito de secagem único com altura de 1 metro.
- Fundo do leito venezianado para a entrada livre do ar, com rasgos para o escoamento do cereal.
- Sistema de queda controlada do cereal, constituído por anteparos horizontais colocados abaixo dos rasgos de escoamento, onde o cereal forma um monte com 2 taludes definidos, que detêm a sua queda.
- Varredores dos montes formados, constituídos por varas de ferro chato com movimento de vaivém de amplitude e velocidade controladas, por excêntrico com biela, movidos por motor de 1/3 de cv com rotação variável (Figura 6.16)

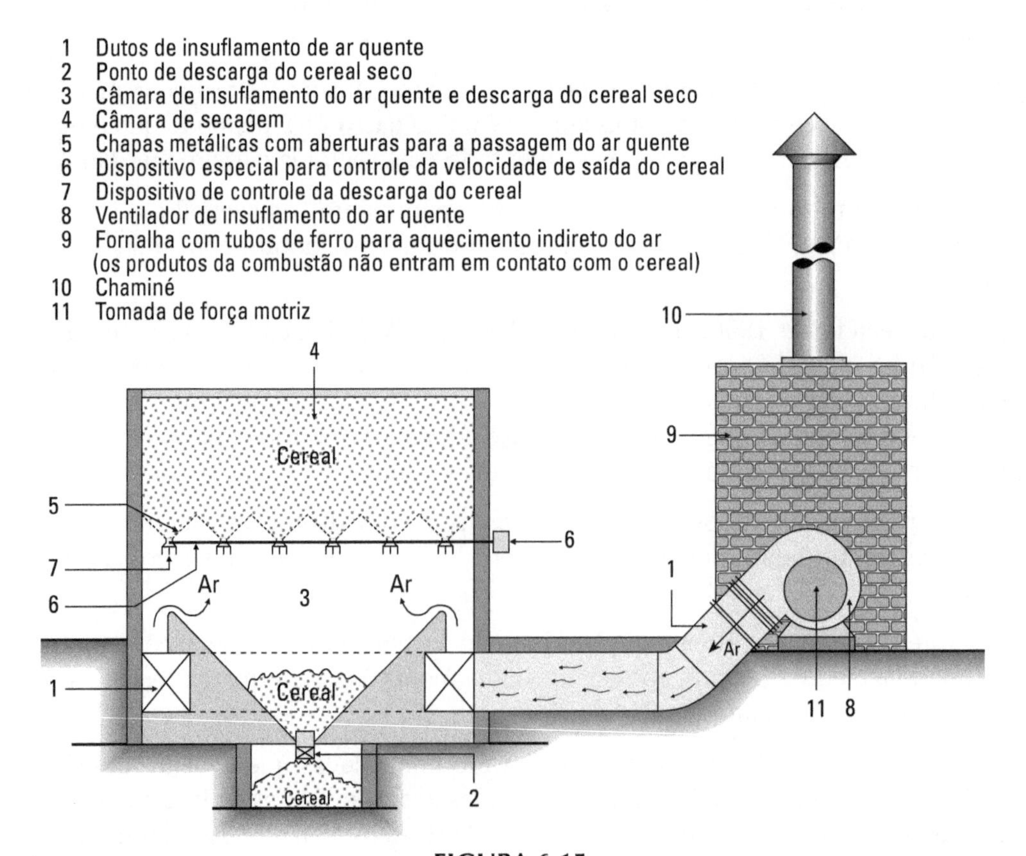

FIGURA 6.15

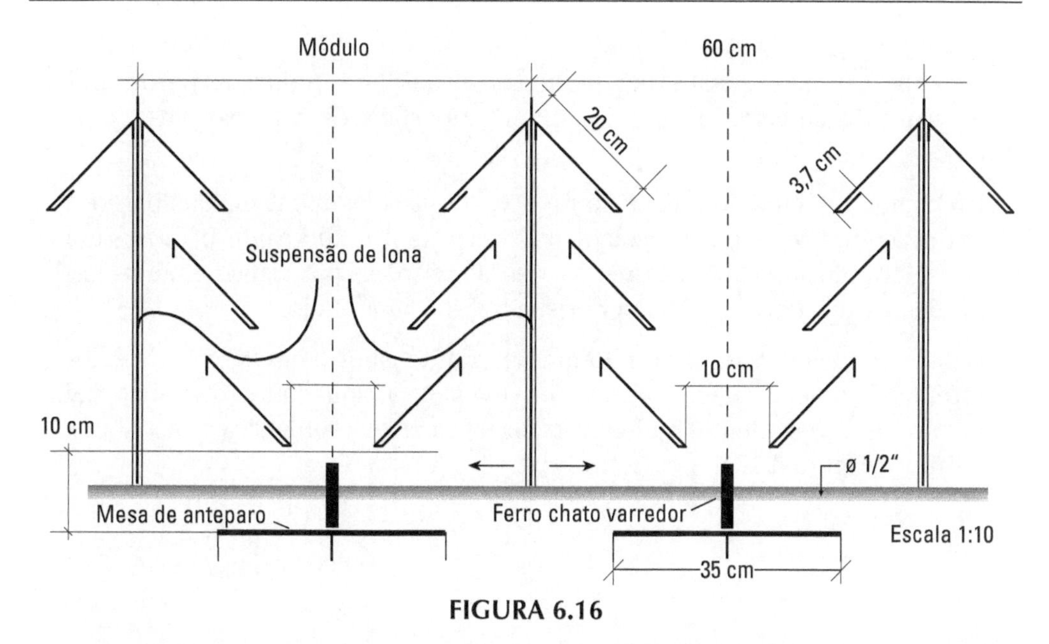

FIGURA 6.16

Para esclarecer melhor o funcionamento e o desempenho térmico, elaboramos, a seguir, um exemplo de um secador deste tipo

EXEMPLO 6.3

Dimensionar um secador tipo SANTA HELENA para a secagem de 2.500 kg/h de arroz com casca, cujo calor específico é 0,38 kcal/kg°C e a massa específica 600 kg/m^3.

Para facilitar a comparação deste tipo de secador com os apresentados anteriormente, fixaremos as seguintes premissas:

Retirada de umidade — de 18% para 13%
Condições ambientes — t_a = 20°C, φ_a = 60%

Além disto, com toda a segurança, já que o fluxo é contracorrente, fixaremos a temperatura de secagem em 70°C e, para evitar a recondensação da umidade à saída do secador, arbitraremos a umidade relativa do ar, no final da evaporação, em 70%. Nestas condições, podemos relacionar:

$$M_M = 2.500 \text{ kg/h} \qquad C_{MU} = 0{,}38 \text{ kcal/kg°C}$$

$$M_V = M_{ar}(u_i = u_f) = 2.500 \text{ kg/h} \times 0{,}05 = 125 \text{ kg/h}$$

$$M_{MS} = 2.375 \text{ kg/h} \qquad C_{MS} = 0{,}3474 \text{ kcal/kg°C}$$

$$r_a = 597{,}24 - (1 - 0{,}45)t_a = 586{,}24 \text{ kcal/kg}$$

$$Q_{\text{evaporação}} = r_a M_V = 586{,}24 \text{ kcal/kg} \times 125 \text{ kg/h} = 73.280 \text{ kcal/h}$$

Uma das vantagens deste tipo de secador são as suas reduzidas perdas por transmissão de calor, devido à pequena superfície de suas paredes externas.

Efetivamente, embora o coeficiente de condutividade externa das paredes externas metálicas e sem isolamento varie de 4 a 20 kcal/m^{2}h°C, mesmo considerando seu valor máximo, as perdas térmicas por transmissão de calor destes secadores serão inferiores a 5% do calor em jogo.

Nestas condições, considerando uma perda de calor limite de 5% do calor total na fase de secagem e outros 5% do calor de aquecimento do material na fase de aquecimento, podemos fazer na carta psicrométrica as seguintes leituras (Figura 6.17):

$t_a = 20°C$

$\varphi_a = 60\%$

$x_a = 9{,}1$ g/kg ar seco

$H_a = 10{,}4$ kcal/kg ar seco

$t_{e1} = 70°C$

$H_{e1} = 22{,}5$ kcal/kg ar seco

$H_A = 13{,}6$ kcal/h

$t_a = 28{,}6°C$

$\Delta H_{\text{perdas sec}} = 0{,}605$ kcal/kg ar seco

$\varphi_{1'} = 70\%$

$H_{1'} = 21{,}9$ kcal/kg ar seco

$t_{1'} = 32{,}8°C$

$x_{1'} = 23{,}4$ g/kg ar seco

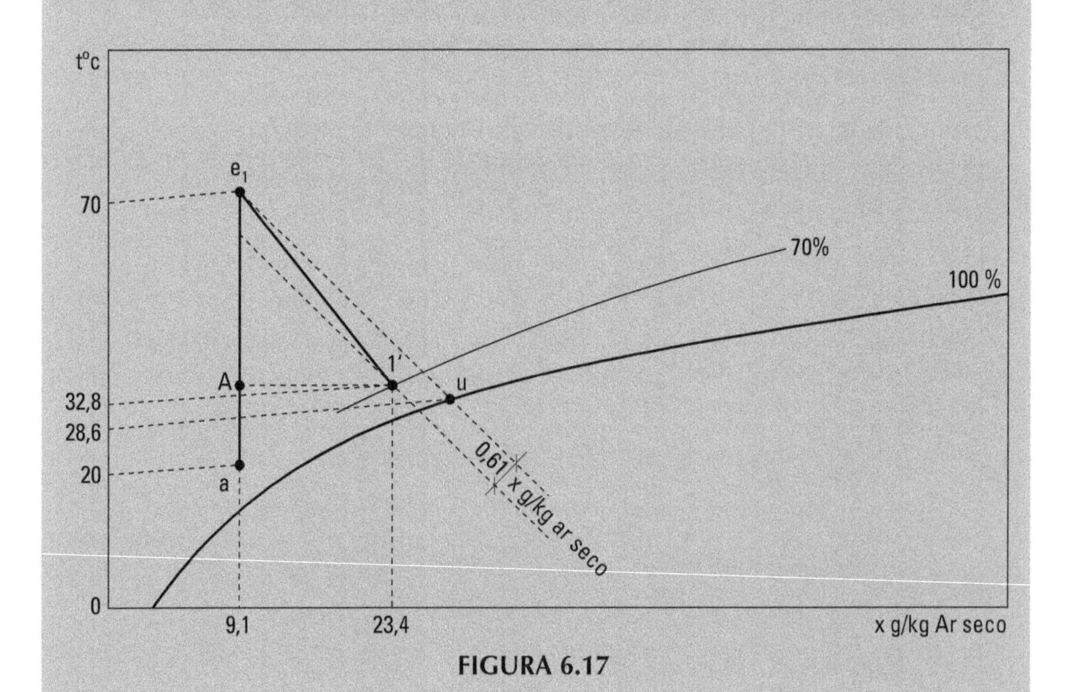

FIGURA 6.17

Do modo que podemos calcular:

$$M_{ar} = \frac{M_V}{\Delta x} = \frac{125 \text{ kg/h}}{(0{,}0234 - 0{,}0091) \text{ kg/kg ar seco}} = 8.741{,}3 \text{ kg/h}$$

$$Q_{ar} = M_{ar}(H_{e1} - H_a) = 8.741{,}3 \text{ kg/h} \times 12{,}2 \text{ kcal/kg ar seco} = 106.643{,}8 \text{ kcal/h}$$

$$Q_{\text{fase aq}} = 1{,}05 M_M C_M (t_u - t_a) = 1{,}05 \times 2.500 \text{ kg/h} \times 0{,}38 \text{ kcal/kg°C} \times 8{,}6\text{°C} =$$
$$= 8.578{,}5 \text{ kcal/h}$$

E podemos determinar as condições do ar, à saída do secador:

$$Q_{\text{fase aq}} = M_{ar} Cp_{\text{ar médio c}/x_{1'}} (t_{1'} - t_{s1}) = 8.578{,}5 \text{ kcal/h}$$

Donde, para $Cp_{\text{ar médio c}/x1'}$ = 0,24457 kcal/kg°C, as condições:

$$t_{1'} - t_{s1} = 4{,}0\text{°C} \qquad t_{s1} = 28{,}8\text{°C}$$

Temperatura esta, que corresponde à carta psicrométrica:

$$\varphi_{s1} = 90\% \text{ e uma temperatura de orvalho de } t_{\text{orvalho}} = 27{,}0\text{°C}$$

Fica, portanto, descartada qualquer possibilidade de recondensação da umidade, à saída do secador.

Por outro lado, podemos fazer o balanço térmico dos calores em jogo no equipamento e estabelecer o rendimento térmico do mesmo.

Assim, podemos resumir:

Q_{ar} = 106643,8 kcal/h (100%)

$Q_{\text{EVAPORAÇÃO}}$ = 73.280 kcal/h (69,3%)

$Q_{\text{AQ. VAPOR}} = M_V\, 0{,}45\, (t_{s1} - t_a)$ = 495 kcal/h (0,5%)

$Q_{\text{PERDAS MAXIMAS}}$ = 5.332,2 + 857,9 = 6.190 kcal/h (5,9%)

$Q_{\text{AQ }MS} = M_{MS}\, C_{MS}(t_u - t_a)$ = 2.375 kg/h × 0,3474 kcal/kg°C ×
×8,6^{0}C = 7.095,7 kcal/h (6,7%)

$Q_{\text{ar saída}} = M_{ar}\, Cp_{\text{ar médio c/x}_a}\, (t_{s1} - t_a) = M_{ar}\, 0{,}242 \times 8{,}8$ =
= 18.615,5 kcal/h (17,6%)

Observações: Naturalmente, a parcela de 69,3% do calor de evaporação no cômputo geral representa o rendimento térmico do equipamento de secagem.

A pequena diferença no balanço acima é devida, em parte, a imperfeições de leitura na carta psicrométrica.

Considerando, por outro lado, a massa específica do ar a 70°C e com uma umidade de 9,1 g/kg de ar seco:

$$\rho_{ar\,70} = 1,302 \text{ kg/m}^3 \frac{273}{273+70} = 1,036 \text{ kg/m}^3$$

A vazão de ar à entrada do leito de secagem será:

$$V_{ar} = \frac{M_{ar}}{\rho_{ar\,70}} = \frac{8.741,3 \text{ kg/h}}{1,036 \text{ kg/m}^3} = 8.437,6 \text{ m}^3\text{/h } (2,34 \text{ m}^3\text{/s})$$

E adotando-se para o leito de secagem uma velocidade-limite de 0,4 m/s, a fim de evitar perdas de carga elevadas através de mesmo, podemos calcular a seção de base do secador:

$$\Omega = \frac{V_{ar}}{c_{ar}} = \frac{2,34 \text{ m}^3\text{/s}}{0,4 \text{ m/s}} = 5,86 \text{ m}^2$$

Nestas condições, construindo o secador em módulos de 0,6 m, podemos adotar as dimensões de 5 módulos de comprimento (3 m) por 2 m de largura.

De modo que a característica dimensional nos mostra uma produção básica de 417 kg/m^2 h de cereal, com uma permanência do produto no secador de cerca de 1,7h.

Este tempo reduzido se deve à baixa retirada de umidade (5%) do cereal.

Caso as umidades a serem retiradas fossem maiores, este tempo de permanência seria proporcionalmente maior e a produção seria inversamente proporcional a estas retiradas de umidade, embora o rendimento térmico do processo tenda a aumentar levemente (o aquecimento do material permanece o mesmo).

Como verificação adicional, podemos calcular a possibilidade de intercâmbio de calor previsto para o leito de secagem.

Assim, podemos fazer na expressão:

$$Q = \text{K S } \Delta\text{ln kcal/h}$$

Para a fase de secagem propriamente dita, sem considerar as perdas:

$$Q_{\text{fase sec}} = M_{ar} Cp_{\text{ar médio}/x_a} (t_{e1} - t_{1'}) - 5.332,2 \text{ kcal/h}$$

$$Q_{\text{faze sec}} = 8.741,3 \text{ kg/h} \times 0,243 \text{ kcal/kg°C } (70°\text{C} - 32,8°\text{C}) - 5.332,2 =$$
$$= 73.685,7 \text{ kcal/h}$$

K = 4 kcal/m^2 h°C (valor médio indicado por PERRY, que para o caso, devido ao grande contato do ar com o material, é bastante seguro).

$$\Delta t_{\ln} = \frac{(t_{e1} - t_u) - (t_{1'} - t_u)}{\ln \dfrac{t_{e1} - t_u}{t_{1'} - t_u}} = \frac{(70°C - 28,6°C) - (32,8°C - 28,6°C)}{\ln \dfrac{41,4°C}{4,2°C}} = 16,26°C$$

De modo que a área de interface necessária entre o ar e o material seria S = 1.133 m^2, valor que consideramos perfeitamente factível num leito com altura de 1,0 m de material granulado de diâmetros da ordem de 2,5 mm.

A fonte de calor adotada para este secador foi um aquecedor de calor indireto tipo calorífero funcionando com lenha de eucalipto, semelhante ao citado no exemplo 6.2, mas com uma fornalha de 0,67 m^3 para uma potência calorífica de 200.000 kcal/h, com as seguintes características dimensionais:

Dimensões externas
Comprimento – 3,75 m; largura – 1,6 m; altura – 3,16 m
Quantidade de tubos de ferro fundido de 98 mm × 110 mm
38 de 3 m
Câmara de combustão
1,7 m × 0,7 m × (0,46 a 0,66 m)
Grelha
1,42 m × 0,45 m
Porta da câmara
0,63 m × 0,70 m
Chaminé
Diâmetro – 0,30 m; altura – 4,0 m
Cinzeiro
Largura – 0,45 m; altura – 0,40 m
Entrada de ar
0,50 m × 0,15 m
Câmara de mistura
1,10 m × 0,50 m × 2,91 m
Registro de ar exterior
0,40 m × 0,50 m
Tomada do ventilador para o ar quente
Diâmetro – 0,63 m

O ventilador, por sua vez, deve vencer as perdas de carga correspondentes ao leito de secagem (veja bibliografia - Memento des pertes de charge – I. E. Idel'cik – Eyrolles – Paris – 1969):

$$J = \lambda \frac{c^2}{2g} \gamma = \left[k \frac{L}{d_g} \lambda' + \Delta\lambda_t \right] \frac{c^2}{2g} \gamma$$

Onde:

$$k = \frac{1,53}{\varepsilon^{4,2}} \qquad \varepsilon = \frac{\text{volume dos vazios}}{\text{volume total}}$$ que varia com o diâmetro dos grãos (tabela)

d_g mm	ε m³/m³	k
1 a 2	0,485	32,75
3 a 5	0,466	39,02
5 a 7	0,461	40,67

$$\Delta\lambda_t = 2\frac{t_s - t_{e1}}{273 + t_m}$$

$$\lambda' = f\left(\text{Re} = \frac{c_m d_g}{\nu}\right) = \frac{30}{\text{Re}} + \frac{3}{\text{Re}^{0,7}} + 0,3$$ ou tabela Idel'cik, p.223

d_g — é o diâmetro de grão (0,0025 m)

c_m — a velocidade média de escoamento do ar no leito de cereais (0,4 m/s)

ν — é a viscosidade cinemática do ar, à temperatura média do escoamento ($18,2 \times 10^{-6}$ m²/s)

Nestas condições, podemos calcular:

$$\varepsilon = 0,475 \qquad k = 36$$

$$\Delta\lambda_t = 2\frac{28,8°\text{C} - 70°\text{C}}{273 + 49,40} = -0,256$$

$$\text{Re} = \frac{0,4 \text{ m/s} \times 0,0025 \text{ m}}{18,2 \times 10^{-6} \text{ m}^2/\text{s}} = 55 \qquad \lambda' = 1,035 \text{ (tabela Idel'cik, p.322)}$$

$$\lambda = 36\frac{1 \text{ m}}{0,0025 \text{ m}} 1,035 - 0,253 = 14.904$$

E a perda de carga no leito de secagem, lembrando que o peso específico médio do ar (~50°C), vale γ = 1,103 kgf/m³, será:

$$J_{\text{leito}} = \lambda\frac{c^2}{2g}\gamma = 14.904\frac{0,4^2}{2g}1,103 = 14.904 \times 0,009 = 134,1 \text{ kgf/m}^2 \left(\text{mm } H_2O\right)$$

Além desta perda de carga, devem ser computadas aquelas correspondentes ao calorífero e às canalizações, que são da ordem de 20 kgf/m^2, de modo que o ventilador para a movimentação do ar de secagem, a ser acoplado diretamente à saída do aquecedor, deve ser um ventilador centrífugo de simples aspiração de pás voltadas para trás tipo Limit Load, com as seguintes características:

Diâmetro do rotor = 0,63 m
Vazão = 2,4 m^3/s à temperatura de 70°C
Δp_t = 160 kgf/m^2
P_m = 8 cv (motor de 10 cv)

Testes com um protótipo deste secador foram realizados na safra de 1984-1985 em lavoura de 50 quadras de arroz da fazenda Santa Helena no município de São Gabriel – RS, tendo sido acompanhados pelo IRGA, aprovados pela CLAVESUL local e comercializados via EGF com o Banco do Brasil.

6.4 – SECADORES A AR QUENTE COM PULVERIZADORES

6.4.1 – GENERALIDADES

As suspensões diluídas e as soluções com fluidez adequada podem ser secadas com o auxílio de pulverizadores (SPRAY DRYER).

Nestes equipamentos, o solvente evapora-se rapidamente, devido à grande superfície específica das gotas de material (m^2/kg), de modo que a secagem é praticamente instantânea (<60 segundos) e o produto seco se apresenta na forma de pó.

Na realidade, o tempo τ de secagem depende do tamanho das partículas efetuadas pelo pulverizador e da proporção entre a massa de líquido M_L e a massa de material seco M_{MS} que o compõem.

Este tipo de secagem é a preferida para produtos que podem ser manuseados em forma de suspensões ou soluções concentradas, como o leite, os sucos de frutas, o café e mesmo diversos produtos químicos e farmacêuticos.

A secagem com auxílio de pulverizadores se verifica em 3 etapas distintas:

a) A pulverização, na qual o produto sofre a dispersão, transformando-se em gotículas de tamanhos reduzidos (2 μm a 500 μm).

b) O contato do material pulverizado com o meio quente, o qual pode ser tanto ar aquecido como gases da combustão com excesso de ar.

c) A separação do produto seco na forma de pó.

6.4.2 – PULVERIZAÇÃO

A pulverização da massa fluida a secar pode ser feita por meio de:

a – Tubeiras de um só fluido
b – Tubeiras a 2 fluidos
c – Discos rotativos

No caso de usar-se tubeiras de um só fluido, a fim de obter uma boa uniformidade na câmara de secagem, geralmente esta é única.

Para evitar o desgaste, o material adotado na elaboração destas tubeiras deve ser adequado, sendo comum o uso de aço–tungstênio.

As pressões adotadas são elevadas e dependem da viscosidade, da densidade e do tamanho das partículas a obter, variando de 3,5 kgf/cm^2 a 7,0 kgf/cm^2.

Os diâmetros destas tubeiras dependem da capacidade do secador, mas podem variar de diâmetros de 0,5mm a 4,0mm.

Nas tubeiras a 2 fluidos, é usado um fluido indutor que geralmente é ar ou vapor d'água na pressão-limite de 7,0 kgf/cm^2, enquanto o fluido a secar é admitido a uma pressão mais baixa.

Os discos rotativos (atomizadores centrífugos) são discos de diâmetros de 5 cm a 35 cm que giram a rotações que variam de 3.000 RPM a 25.000 RPM, criando velocidades periféricas elevadas que variam de 35 m/s a 65 m/s.

Para tal, estes discos são acoplados a motores elétricos com potências que podem chegar a 100 cv.

6.4.3 – CONTATO DO MATERIAL PULVERIZADO

O contato do material a secar com o meio quente que pode ser, tanto ar aquecido como gases da combustão com excesso de ar, se verifica na câmara de secagem.

As temperaturas adotadas, em virtude da rapidez da secagem e do fato de o material ser protegido pela própria gota durante a maior parte do tempo de secagem, dependem do material a secar, mas são bastante elevadas podendo em casos excepcionais atingir o valor máximo compatível com a estrutura do secador, que é da ordem de 800°C.

A câmara de secagem, por sua vez, deve ter um tamanho suficiente, para que as partículas percam a umidade antes de serem retiradas da mesma.

Para isto, o tempo de secagem (tempo de residência do produto) é um fator dominante.

Geralmente, estas câmaras são executadas em forma de CICLONE com diâmetro igual à altura.

A movimentação do ar quente ou dos gases da combustão com excesso de ar, de acordo com o tipo de atomização adotada, pode ser descendente, ascendente ou mista.

No sistema designado de secagem a jato (JET DRYER), a pulverização é feita por tubeira única situada no centro de um conduto circular, por onde circula, em fluxo concorrente com o do material, o ar quente e a separação do material seco é feita por meio de câmara inercial ou mesmo ciclone, colocado no final deste conduto.

6.4.4 – SEPARAÇÃO DO PRODUTO SECO

A separação do produto seco é feita em parte na própria câmara de secagem, funcionando como separador (ciclone) principal, ou por um ciclone secundário, quando se pretende separar também o material grosso do material fino (Figura 6.18).

A Figura 6.19, por sua vez, nos mostra uma instalação de secagem com pulverizadores do tipo tubeira única, onde a separação é feita em duas etapas e em dois circuitos, a fim da garantir a retenção não só do material totalmente seco, como do material úmido residual da primeira separação

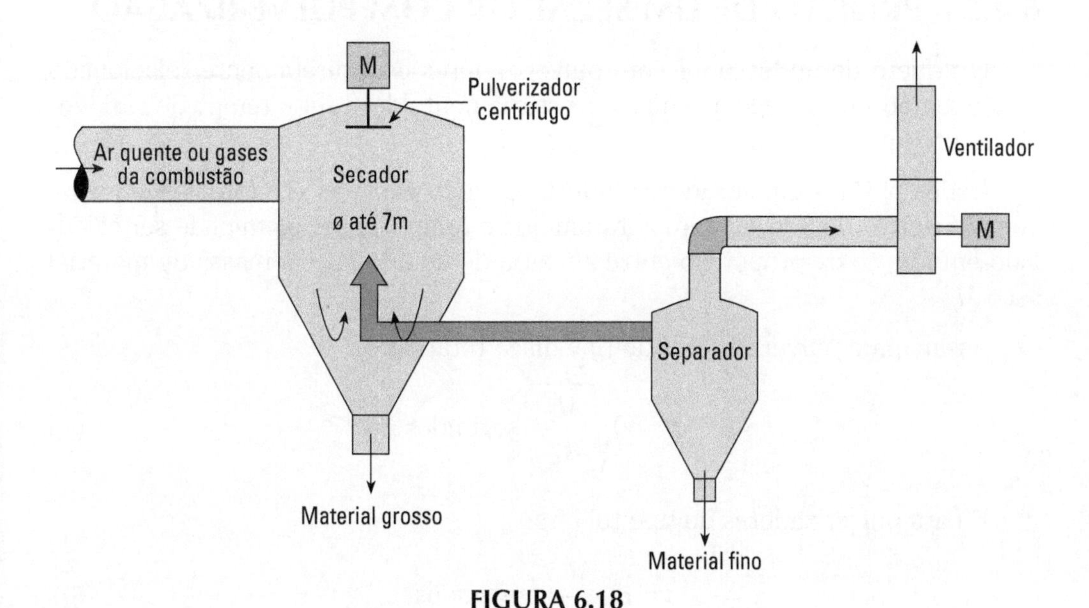

FIGURA 6.18

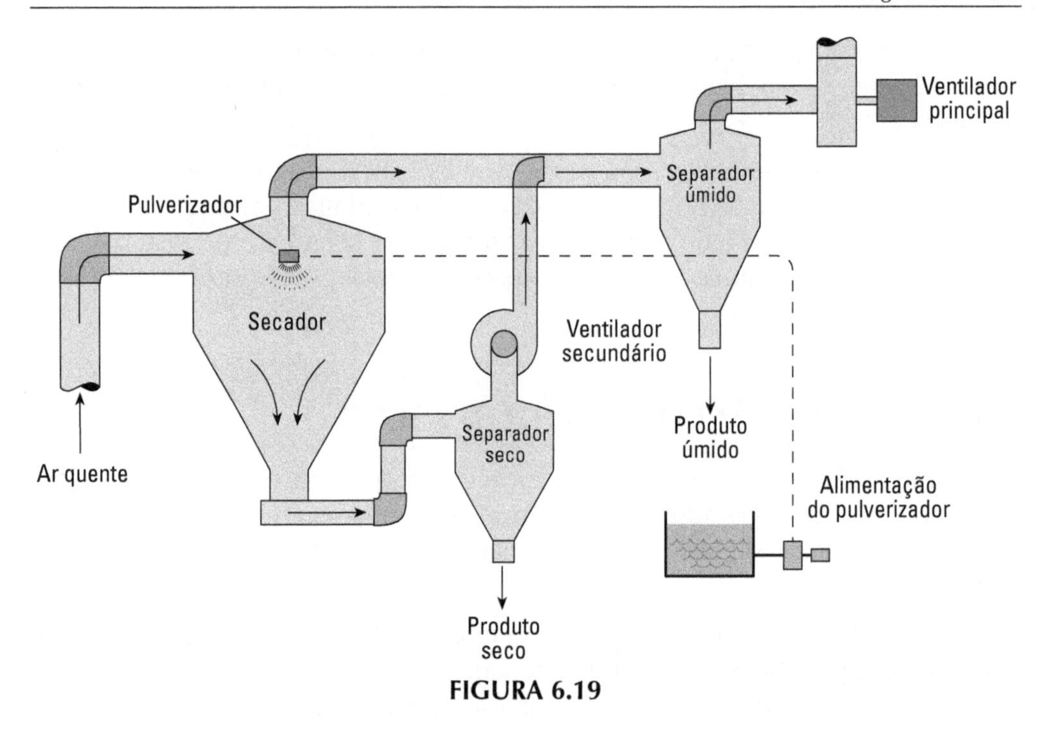

FIGURA 6.19

6.4.5 – PROJETO DE UM SECADOR COM PULVERIZAÇÃO

O projeto de um secador com pulverizadores está diretamente relacionado com o tempo τ de secagem, o qual necessariamente deve ser o tempo de residência do produto no secador.

Dados obtidos em secadores industriais com câmaras em forma de ciclone com diâmetros de 3 m a 6 m mostraram que o tempo de secagem pode ser calculado em função da proporção entre a massa de líquido M_L e a massa de material seco M_{MS}.

Assim, para pulverizadores do tipo disco rotativo:

$$\tau = 50\sqrt{\frac{M_L}{M_{MS}}} \text{ segundos} \qquad 6.6$$

E para pulverizadores do tipo tubeira:

$$\tau = 17\frac{M_L}{M_{MS}} \text{ segundos} \qquad 6.7$$

Como geralmente a massa de líquido na solução a secar varia de 25% a 70%, o que corresponde a proporções entre M_L e M_{MS} que variam de 2,2 a 0,34 , os tempos de secagem ficarão compreendidos entre 29 a 74 segundos para os pulverizadores de disco rotativo e 5,8 a 37 segundos para os pulverizadores de tubeira.

Realmente, devido ao tamanho das partículas pulverizadas, o tempo de secagem na pulverização por meio de discos rotativos é cerca de 5 vezes maior do que na pulverização por meio de tubeiras.

Observação: Em casos excepcionais de grandes partículas, os tempos obtidos das expressões acima devem ser confirmados experimentalmente.

A quantidade de ar ou gases da combustão com excesso de ar em circulação é calculada, em função do calor a transferir para o aquecimento e evaporação da umidade das partículas, já que as fases de aquecimento e secagem propriamente ditas neste tipo de secador não se verificam separadamente, tanto no espaço como no tempo.

Assim, considerando que o material úmido é aquecido até a temperatura do termômetro úmido t_u do ar quente, o vapor é evaporado e superaquecido até a temperatura t_{s1} de saída do ar do secador e as perdas por transmissão de calor como 10% deste calor, podemos escrever (equação 6.3):

$$Q_{\text{secagem}} = M_{\text{ar}} Cp_{\text{ar médio c/x}_a} (t_{e1} - t_{s1}) \text{ kcal/h}$$
$$Q_{\text{secagem}} = 1{,}1 M_V \left[r_u + 0{,}45(t_{s1} - t_u) \right] + M_M C_M (t_u - t_a) \text{ kcal/h} \qquad 6.8$$

A temperatura t_{s1} para um bom rendimento deve ser considerada como cerca de 1/3 da temperatura t_1, o que corresponde a um rendimento térmico superior a 60%.

Nestas condições, a equação 6.3 nos permite calcular M_{ar}.

A temperatura do termômetro úmido t_u, para temperaturas de secagem elevadas, pode ser determinada como no exemplo 6.1.

A partir da quantidade de ar M_{ar} kg/h, podemos calcular a vazão de ar em circulação no secador:

$$V_{\text{ar}} = \frac{M_{\text{ar}}}{\rho_{\text{ar médio}}} \text{ m}^3/\text{h} \qquad 6.9$$

Quanto ao volume da câmara de secagem, subentende-se que no tempo de secagem (tempo de residência do produto na câmara) esta deverá conter o material M_{MU} e o ar quente M_{AR}, necessários para o intercâmbio de calor desejado, isto é, deve verificar-se:

$$V_{\text{secador}} = \frac{\tau s \ V_{\text{ar}} \text{ m}^3/\text{h}}{3.600 \text{ s/h}} \text{ m}^3 \qquad 6.10$$

Como verificação, podemos calcular o volume da câmara em função da quantidade de umidade a evaporar M_V, de acordo com a expressão empírica:

$$V_{\text{secador}} \text{ m}^3 = (0{,}2 \text{ a } 0{,}42) M_V \text{ kg/h} \qquad 6.11$$

EXEMPLO 6.4

Projetar um secador com pulverizadores do tipo disco rotativo, para a secagem de 1.000 kg/h de uma pasta detergente com 50% de umidade.

O produto é de grãos grossos de 150 μm a 350 μm

O calor específico do material úmido

$$C_{MU} = 0{,}675 \text{ kcal/kg°C}$$

As temperaturas a adotar podem ser

$$t_a = 32°\text{C} \quad \varphi_a = 60\% \quad x_a = 19 \text{ g/kg ar seco}$$
$$t_{e1} = 300°\text{C}$$
$$t_{s1} = 100°\text{C}$$
$$t_u = 54{,}9°\text{C (veja exemplo 6.1)}$$

A equação 6.10 nos fornece para o caso, em que a proporção entre a massa do líquido M_L e a massa do material seco M_{MS} é igual a 1, o tempo de permanência:

$$\tau = 50\sqrt{\frac{M_L}{M_{MS}}} = 50 \text{ s}$$

A disposição da instalação a adotar poderá ser o da Figura 6.18

Dispondo dos valores das grandezas:

$$r_a = 597{,}24 - (1 - 0{,}45)t_a = 579{,}64 \text{ kcal/kg}$$
$$r_u = 597{,}24 - (1 - 0{,}45)t_u = 566{,}72 \text{ kcal/kg}$$

$$Cp_{\text{ar médio c/x}_a} e_1 \text{ a } s_1 = 0{,}25287 \text{ kcal/kg°C}$$
$$Cp_{\text{ar médio c/x}_a} s_1 \text{ a } a = 0{,}24797 \text{ kcal/kg°C}$$
$$Cp_{\text{ar médio c/x}_{a'}} a \text{ a } e_1 = 0{,}25163 \text{ kcal/kg°C}$$

Podemos estabelecer de acordo com a equação 6.12:

$$Q_{\text{sec+aq}} = M_{\text{ar}} Cp_{\text{ar médio c/x}_a}(t_{e1} - t_{s1}) =$$
$$= M_{\text{ar}} 0{,}25287 \text{ kcal/kg°C } (300°\text{C} - 100°\text{C})$$
$$Q_{\text{sec+aq}} = 1{,}1 M_V \left[r_u + 0{,}45(t_{s1} - t_a)\right] +$$
$$+ 1{,}1 M_{MU} C_{MU}(t_u - t_a) \text{ kcal/h}$$
$$Q_{\text{sec+aq}} = 1{,}1 \times 500\left[566{,}72 + 0{,}45(100°\text{C} - 54{,}9°\text{C})\right] +$$
$$+ 1{,}1 \times 500 \times 0{,}675(54{,}9°\text{C} - 32°\text{C}) \text{ kcal/h}$$
$$= 322.858{,}3 + 8.501{,}6 = 331.359{,}9 \text{ kcal/h}$$

Donde obtemos:

$$M_{ar} = 6.552 \text{ kg/h}$$

Por outro lado, podemos calcular o calor total em jogo e o rendimento térmico da operação de secagem:

$$Q_{ev} = M_V r_a = 500 \text{ kg/h} \times 579{,}64 \text{ kcal/kg} = 289.820 \text{ kcal/h}$$

$$Q_{ar} = M_{ar} Cp_{ar\ \text{médio c/x}_a}(t_{e1} - t_a) = 6.552 \times 0{,}25163(300 - 32) =$$
$$= 441.846{,}2 \text{ kcal/h}$$

$$\eta t_{secador} = \frac{Q_{ev}}{Q_{ar}} = \frac{289.820 \text{ kcal/h}}{441.846{,}2 \text{ kcal/h}} = 0{,}656\ (65{,}6\%)$$

E podemos calcular o volume do ar em circulação no secador, a uma temperatura média de 200°C ($\rho_{\text{médio}}$ = 0,7572 m³/kg ar c/19 g de umidade):

$$V_{ar} = \frac{M_{ar} \text{ kg/h}}{\rho_{\text{médio}}} = \frac{6.553{,}45 \text{ kg/h}}{0{,}7572 \text{ m}^3\text{/kg}} = 8.654{,}9 \text{ m}^3\text{/h}$$

E a partir da expressão 6.14 podemos calcular as dimensões do secador tipo CICLONE, no qual faremos H = D:

$$V_{ciclone} = \frac{\tau s\ V_{ar} \text{ m}^3\text{/h}}{3.600} = \frac{50s \times 8.652{,}9 \text{ m}^3\text{/h}}{3.600} = 120{,}2 \text{ m}^3 \ \ (D = H = 5{,}35 \text{ m})$$

Ou ainda usando a expressão aproximada 6.15:

$$V_{ciclone} = 0{,}2 \text{ a } 0{,}42\ M_V = 0{,}2 \text{ a } 0{,}42 \times 500 \text{ kg/h} = 100 \text{ a } 210 \text{ m}^3$$

Observação: Como dado prático podemos tomar para o consumo de potência mecânica da instalação cerca de 20 a 25 kg água/h cv.

Como verificação final, podemos calcular as perdas térmicas reais que se verificam por transmissão de calor através das paredes do secador e que foram arbitradas inicialmente em 30.130,4 kcal/h.

Com efeito, considerando uma construção do ciclone de secagem em chapa de ferro com uma superfície externa S de aproximadamente 150 m², podemos calcular:

$$Q_{perdas} K\ S\ \Delta t = K\ 150 \text{ m}^2 \left(\frac{300 + 100}{2} - 32 \right) = K\ 25.200 \text{ kcal/h}$$

Lembrando que o valor do coeficiente geral de transmissão de calor K kcal/m^2h°C, no caso se identifica praticamente com o coeficiente de transmissão de calor externo α kcal/m^2h°C (coeficiente de película), cujo valor pode atingir 20 kcal/m^2h°C, concluímos que o secador em questão, a fim de limitar suas perdas às arbitradas, deve reduzir este coeficiente para cerca de 1,2 kcal/m^2h°C.

Para tal, seria aceitável o uso de um isolamento térmico constituído por cerca de 50 mm de lã de vidro.

CAPÍTULO 7

SECADORES A VÁCUO

Conforme vimos, na secagem a ar quente, o aquecimento do ar tem dois efeitos positivos sobre a operação de secagem, quais sejam:

a) O aquecimento do material úmido, até a temperatura do termômetro úmido t_u do ar de secagem, com a conseqüente elevação da pressão de saturação da umidade do mesmo (p_{stu}).

b) Aumento da capacidade do ar de arrastar a umidade retirada do material ($>\Delta x$).

Entretanto, adotando-se o vácuo nestas mesmas circunstâncias, esta capacidade de absorção de umidade ficaria reduzida ($<\Delta x$).

Esta é a razão pela qual, para acelerar a secagem sem aumentar exageradamente a temperatura do ar, o que, além de comprometer o rendimento térmico do processo, poderia prejudicar o produto, adota-se a solução de aquecer moderadamente, mas diretamente, o material úmido e, simultaneamente, reduzir a pressão do ar.

Com isto, consegue-se aumentar a pressão de saturação da umidade do material (p_{st}) e, ao mesmo tempo, reduzir a pressão parcial do vapor d'água no ar (p_v), o que, de acordo com as equações 2.4 e 2.5 (veja item 3.1.1), vem a favor da aceleração desejada:

$$M_V = (22{,}9 + 17{,}4c)\mathrm{S}\,(p_s - p_v)\frac{p_0}{p} \text{ g/h}$$

Os equipamentos mais usados, com esta finalidade, são os secadores de tambor rotativo de eixo horizontal, onde o material úmido é aquecido diretamente, enquanto o ar entra controlado numa das extremidades e é aspirado juntamente com o vapor retirado permanentemente na outra, mantendo o conjunto em pressão inferior à atmosférica.

Outro sistema de secagem que se presta para melhorar o desempenho e ao mesmo tempo reduzir a temperatura de secagem, por meio do vácuo, é o sistema de secagem por pulverização.

Neste caso, tanto o ar como o material são previamente aquecidos a temperaturas mais amenas e o sistema colocado em depressão, como no caso anterior.

Nestes sistemas, é aproveitada a diminuição do aquecimento do material úmido, para processar produtos delicados, como sucos de frutas, leite, etc.

As depressões usadas, tanto no primeiro caso como neste último, são obtidas por meio de ventiladores centrífugos adequados e atingem no máximo 20% da pressão atmosférica (cerca de 150 mmHg), o que permite, sem prejuízo da velocidade de secagem, reduzir em mais de 6°C a temperatura de aquecimento do material.

Técnica diversa da anterior é a que se verifica na retirada de umidade por ebulição, isto é, vaporização, na qual a pressão de saturação da umidade é igual à pressão total do meio envolvente.

É o tipo de processo adotado para a concentração de soluções.

Neste caso, a operação é realizada em ambiente fechado, onde a temperatura do material a secar é que define a pressão do meio envolvente.

Ou seja, a temperatura de ebulição da umidade do material úmido é uma função da pressão do meio envolvente.

Normalmente, estas instalações de retirada de umidade de soluções e suspensões por meio da ebulição trabalham com pressões acima da atmosférica (>100°), de modo que todas as saídas dos condensados ou mesmo do produto processado, para fora do sistema, se dá à custa da pressão positiva do mesmo.

Nestes casos, as únicas bombas necessárias são as de circulação do material.

Nos sistemas que trabalham por ebulição (vaporização), o aquecimento do produto é feito em equipamentos do tipo tubo e carcaça vertical (SHELL AND TUBE), nos quais a solução a concentrar circula pelo interior dos tubos e a fonte de calor, geralmente vapor d'água aturado a pressões absolutas que podem atingir 10 kgf/cm^2 (180°), condensa no envoltório (Figura 7.1).

A disposição a adotar com este tipo de equipamento pode ser de simples efeito, como a da Figura 7.1, onde o vapor vivo é condensado na carcaça de um intercambiador único e o condensado é purgado para o ambiente, enquanto a solução fria entra no feixe de tubos pela parte superior e é retirada na parte inferior já concentrada.

A umidade retirada pode ser descarregada diretamente na atmosfera ou, caso houver interesse na redução da temperatura da solução para preservar suas qualidades, pode ser criada depressão apreciável, por meio de condensador externo adequado.

Nas instalações de ebulição de múltiplo efeito, o vapor vivo condensado no primeiro estágio é purgado para o ambiente, mas a umidade retirada na forma de vapor, deste primeiro intercambiador, é aproveitada como fonte de calor de um segundo intercambiador (2.º estágio) e assim sucessivamente até um estágio final (Figura 7.2).

A umidade retirada no último estágio pode ser descarregada no ambiente (se a temperatura do vapor for igual ou maior do que 100°C), ou se houver interesse em trabalhar com temperaturas menores, pode ser criada pressão inferior à atmosférica, condensando-se estes vapores em condensador externo apropriado.

A solução fria, por sua vez, entra no estágio final onde recebe um primeiro aquecimento, para a seguir passar para o estágio anterior e assim sucessivamente até o primeiro estágio, donde é retirada.

Em virtude das quebras de pressão entre os diversos estágios, a passagem da solução de um para o outro no sentido das pressões crescentes exige um elemento mecânico (bomba).

O número de estágios teoricamente é limitado apenas pelos gradientes térmicos necessários para os intercâmbios de calor de cada um dos intercambiadores.

Na pratica, entretanto, em vista da complexidade do conjunto e de seu custo, estas instalações têm se limitado a seis estágios.

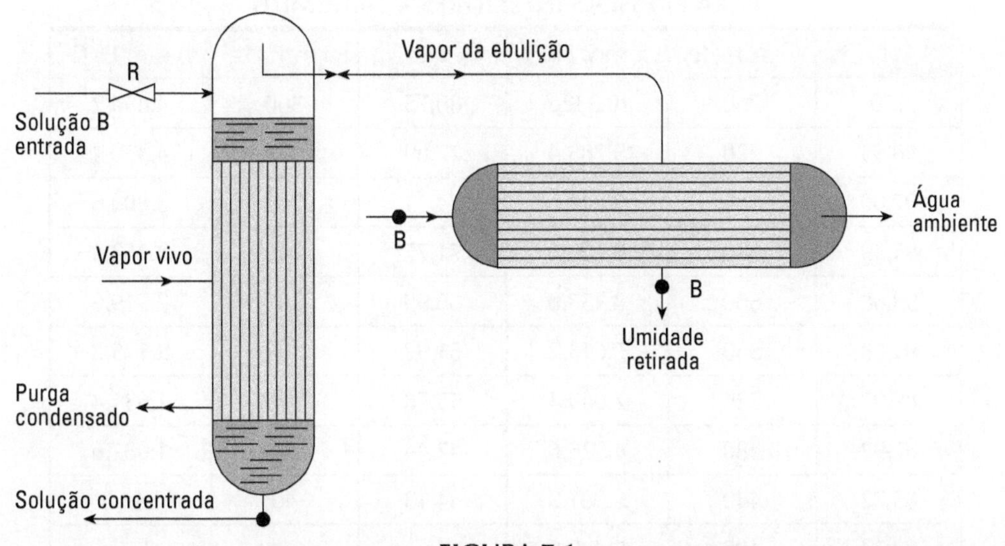

FIGURA 7.1

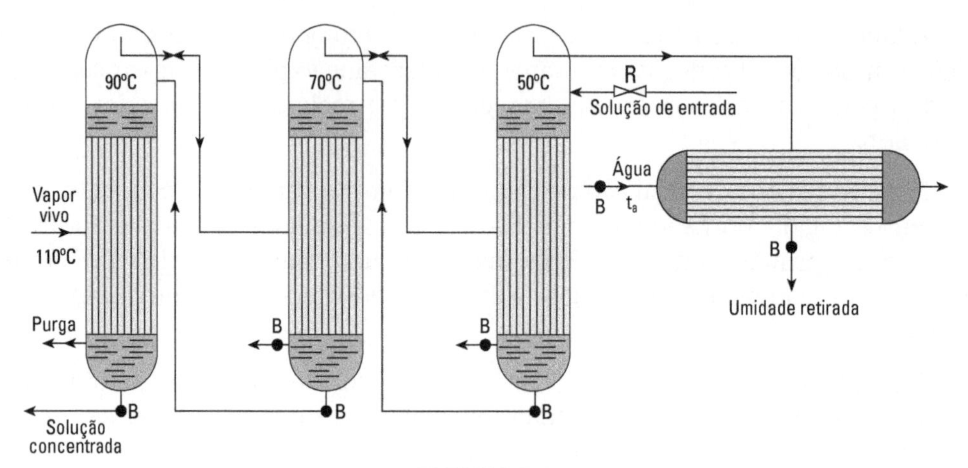

FIGURA 7.2

Quando estes sistemas trabalham com pressões inferiores à atmosférica (sob vácuo), as temperaturas de ebulição são bastante reduzidas, o que vem a favor da secagem de produtos sensíveis, que não permitem processamentos a temperaturas elevadas.

Nestes casos, as temperaturas de ebulição atingidas podem ser calculadas pela expressão, válida com boa precisão entre os limites de 20 mmHg e 760 mmHg:

$$T = \frac{2.224,4}{8,844717 - \log p \text{ mm Hg}} \text{K} \qquad 7.1$$

A qual nos fornece os valores que constam da Tabela 7.1

TABELA 7.1 — TEMPERATURAS DE SATURAÇÃO DO VAPOR D'ÁGUA PARA PRESSÕES INFERIORES A 760 MMHG

tºC	p mm Hg	p mm H_2O	tºC	p mm Hg	p mm H_2O
100	760	10.332,3	80,75	360	4.894,2
98,53	720	9.788,4	77,89	320	4.350,4
97,00	680	9.244,6	74,71	280	3.806,6
95,39	640	8.700,8	71,77	240	3.262,8
93,68	600	8.157,0	66,95	200	2.719,0
91,88	560	7.613,2	61,97	160	2.175,2
89,97	520	7.069,4	55,78	120	1.631,4
87,92	480	6.525,6	47,44	80	1.087,6
85,72	440	5.981,8	34,13	40	543,8
83,34	400	5.438,0			

O cálculo de um sistema para concentração de soluções ou suspensões, por meio de ebulição com múltiplo efeito, é bastante simples.

Ele se baseia na capacidade de processamento do material e nos limites de temperatura prefixados.

O encaminhamento da solução pode seguir o seguinte roteiro:

a – Dentro dos limites de temperaturas estabelecidos, provavelmente tendo em vista a preservação do material, podemos escolher o número de estágios que permitam uma construção econômica sem comprometer a eficiência do conjunto e determinar as suas respectivas temperaturas de funcionamento.

b – Calcular a quantidade de calor total em jogo no processo

c – Dimensionar os intercambiadores de cada um dos estágios e o condensador externo, se for o caso.

Para isto podemos usar a expressão geral da transmissão de calor:

$$Q = K\,S\,\Delta t \text{ kcal/h}$$

Onde, para uma primeira aproximação, podemos adotar os valores de K que seguem (para maiores detalhes procure a bibliografia – Costa Ennio Cruz da – EMMA – Porto Alegre 1967):

K = 1.500 kcal/m^{2}h°C para material fluido pouco espesso
1.000 kcal/m^{2}h°C para material fluido espesso
600 kcal/m^{2}h°C para material pastoso

EXEMPLO 7.1

Numa fábrica de 10 toneladas de leite em pó por dia, a partir do leite em natura com 12% de material seco, cujo calor específico é de 0,35 kcal/kg°C, se pretende aumentar a sua concentração para uma suspensão com apenas 50% de umidade, por meio de ebulição, mas respeitando a temperatura-limite de 90°C.

SOLUÇÃO

Atendendo a um dimensionamento econômico dos intercambiadores, estabeleceremos uma diferença de temperatura, para o cálculo da transferência de calor nos mesmos, de 20°C.

Nestas condições, considerando uma temperatura ambiente de 25°C e a temperatura-limite preestabelecida de 90°C, concluímos por uma instalação de ebulição de 3 estágios, com a seguinte distribuição de temperatura:

Fonte de calor – Vapor saturado de 110°C
Primeiro estágio – Material a 90°C
Segundo estágio – Material a 70°C
Terceiro estágio – Material a 50°C
Condensador exterior – Condensando a 50°C com água recuperada em torre de arrefecimento a 30°C.

As quantidades de material em processamento são:

Leite em pó – 417 kg/h
Material inicial – Mi = 3.472 kg/h
Calor específico Ci = 0,922 kcal/kg°C
Material final – Mf = 834 kg/h Calor específico Cf = 0,675
Umidade a retirar – M_V = 2.638 kg/h
(basicamente 3 × 879,33 kg/h)

De acordo com a distribuição das temperaturas, podemos elaborar a tabela seguinte com as principais grandezas que intervêm no processo:

ETAPA	t°C	p mmHg	p mm H_2O	r_0 kcal/kg	Hl kcal/kg
Vapor vivo	110	1.069,6	14.541	532	110
1.º	90	520,7	7.079	545	90
2.º	70	228,7	3.109	557	70
3.º	50	90,7	1.233	569	50

O balanço geral dos calores em jogo, considerando a ebulição distribuída uniformemente pelos 3 estágios, nos permite relacionar:

Material à saída

$$Mf\,Cf\,(90 - 25) = 834 \times 0{,}675 \times 65 = 36.591{,}75 \text{ kcal/h}$$

Saída condensado 2.º estágio

$$M_V/3\ (90 - 25) = 879{,}33 \times 65 = 58.500 \text{ kcal/h}$$

Saída condensado 3.º estágio

$$M_V/3\ (70 - 25) = 879{,}33 \times 45 = 40.500 \text{ kcal/h}$$

Saída vapor para o condensador

$$M_V/3\ (619 - 25) = 522.322{,}0 \text{ kcal/h}$$

TOTAL – 657.913,0 kcal/h + Perdas

Quantidade de calor esta que deve ser suprida integralmente pela condensação do vapor saturado vivo a 110°C.

Nestas condições, considerando perdas de 10% do calor em jogo, podemos calcular o consumo de vapor:

$$\text{Consumo de vapor} = \frac{1{,}1 \times 657.913{,}3 \text{ kcal/h}}{(642 - 110) \text{ kcal/kg}} = 1.360{,}4 \text{ kg/h}$$

Como o aporte de calor externo se dá unicamente na primeira fase, à custa do vapor vivo, o dimensionamento do intercambiador de calor do primeiro estágio deverá ser feito para este total.

De modo que, adotando-se o valor de K recomendado para um fluido espesso, teríamos:

$$Q = \text{K S } \Delta t = 1.000 \text{ kcal/m}^2\text{h°C} \qquad \text{S } \Delta t = 1{,}1 \times 657.913{,}0 = 723.704{,}3 \text{ kcal/h}$$

O que nos fornece, para uma diferença de temperatura fixa de 20°C, desprezando-se a sua variação, devido à pequena fase de aquecimento do produto:

S = 36,2 m^2 (231 m de tubos de 50 mm × 60,3 mm de diâmetro)

Tal quantidade de tubos se consegue numa montagem de 80 tubos em paralelo, com comprimento de 3,0 m, alojados em uma carcaça vertical de 80 cm de diâmetro com 4 m de altura.

Os demais intercambiadores do 2º e do 3º estágios, que trabalharão com idênticas diferenças de temperatura, poderão ter as mesmas dimensões, pois seus coeficientes de transmissão de calor tendem a ser maiores, face a maior fluidez do material nestas etapas e face a uma quantidade de calor, um pouco menor, a ser trocada nas mesmas.

Quanto ao condensador, este deve condensar o vapor produzido a 50°C na etapa final, cujo calor de vaporização vale:

$$Q = 879{,}33 \text{ kg/h} \times 569 \text{ kcal/kg} = 500.338{,}8 \text{ kcal/h}$$

Usando água natural, recuperada por meio de torre de arrefecimento e cuja temperatura faremos variar de 30°C para 40°C, de modo que, para um coeficiente de transmissão geral de calor K = 1.500 kcal/m^2h°C, podemos calcular S a partir de:

$$Q = \text{K S } \Delta t = 500.338{,}8 \text{ kcal/h}$$

Onde Δt sendo para o caso igual a 14,43°C, obtemos:

$$\text{S} = 23{,}12 \text{ m}^2 \text{ (147,2 m de tubos de 50 mm} \times \text{60,3 mm de diâmetro)}$$

De modo que podemos adotar uma montagem de 75 tubos de 2,0 m de comprimento alojados em paralelo numa carcaça horizontal de 75 cm de diâmetro.

Uma análise geral dos calores em jogo nos mostra que, com uma quantidade de calor inicial de:

$$Q = 1.360,4 \text{ kg/h} \times (532+110-25) \text{ kcal/kg} = 839.366,8 \text{ kcal/h}$$

Conseguimos extrair 2.639 kg/h de umidade, a qual representa uma quantidade de calor em forma de vapor de 879,33 (610 + 602 + 594) = 1.588.070 kcal/h, simplesmente aproveitando o calor de condensação dos vapores intermediários formados, o que nos mostra a grande vantagem apresentada pelo sistema de retirada de umidade das soluções por meio da ebulição em múltiplas etapas.

Por outro lado, a possibilidade de criar pressões bastante baixas por meio de simples condensação dos vapores formados torna ainda mais interessante este processo, quando se trata do processamento de produtos delicados que não podem sofrer ação de temperaturas elevadas.

Entretanto, como neste caso as pressões são inferiores à pressão atmosférica, não só a movimentação do material em processamento, de uma etapa para outra, devido à crescente pressão entre as mesmas, como todas as ligações do sistema para o exterior, seja para a saída do material ou de condensados, devem ser objeto de retenção e bombeamento.

Além disto, todo o sistema deve ser muito bem vedado, ter resistência adequada para agüentar as diferenças de pressão reinantes e dispor de instalação adequada de retirada de não condensáveis.

CAPÍTULO

SECAGEM POR REFRIGERAÇÃO

8.1 – GENERALIDADES

Conforme citamos no item 3.2.5, a refrigeração é um poderoso auxiliar na secagem industrial.

Sobretudo porque a refrigeração permite efetuar o processo de secagem em temperaturas bastante baixas, o que vem a favor da proteção das propriedades mais sensíveis dos materiais destinados à alimentação humana, como o sabor e o aroma que dependem de materiais voláteis, os quais são perdidos com a elevação da temperatura.

Na realidade, a refrigeração pode auxiliar nos processos de secagem de diversas maneiras:

a) Reduzindo o conteúdo de umidade do ar ambiente $(<p_v)$, o que aumenta a capacidade de arraste de umidade e intensifica a difusão do vapor d'água no mesmo. Tal proceder é usado em várias técnicas de secagem, entre as quais a mais significativa é a estabilização da umidade das madeiras.

   Esta consiste em intensificar a secagem de peças delicadas de madeiras (molduras) mantendo-as praticamente à temperatura ambiente, de tal forma que no final do processo sua atividade de água *W* seja igual à umidade relativa do ambiente.

b) Sistema frigorífico funcionando como bomba de calor, na qual o fluido frigorígeno é a própria umidade a ser retirada.

   Este processo é particularmente importante, na concentração de soluções ou suspensões por ebulição, a qual neste caso pode ser efetuada economicamente a temperaturas baixas, por meio de instalações bastante simples.

c) Criando superfícies de baixa temperatura, para as quais o vapor d'água contido no ar ambiente sofre intensa migração.

Trata-se da chamada purga frigorífica, que nas câmaras frigoríficas representa problema a ser contornado, mas que na técnica da secagem pode ser vantajosamente aproveitado.

É o caso do processo excepcionalmente valioso da secagem por LIOFILIZAÇÃO, onde o material a secar congelado é aquecido em câmara de baixa temperatura, perdendo a sua umidade por sublimação, sem dano nenhum à sua estrutura e às suas propriedades bromatológicas.

8.2 – SECAGEM COM ESTABILIZAÇÃO DA UMIDADE

Na secagem por estabilização da umidade do produto, o ar de secagem deve levar o material às condições de equilíbrio de sua umidade com as condições do ambiente (t, φ).

Para isto, o ar é tratado por refrigeração para retirar a sua umidade e a seguir é reaquecido, para voltar à sua entalpia inicial.

Isto é possível com um simples sistema de refrigeração com condensação a ar, onde o ar passa inicialmente pelo evaporador sendo esfriado até uma temperatura bastante inferior à sua temperatura de orvalho, perdendo grande parte de seu calor latente, para a seguir passar pelo condensador, onde recebe todo o calor perdido no evaporador.

Na realidade, o calor liberado no condensador Qc kcal/kg fluido é igual a todo o calor retirado no evaporador Qe kcal/kg fluido, acrescido do calor correspondente ao efeito mecânico do compressor Alm kcal/kg fluido, isto é:

$$Qc = Qe + ALm \text{ kcal/kg} \qquad 8.1$$

De modo que, para evitar que o ar ultrapasse a entalpia inicial que passa pelas condições ambientes, parte deste calor pode ser eventualmente rejeitado para o exterior (Figura 8.1).

Esta operação é mais bem compreendida, na carta psicrométrica onde t_0 representa a chamada temperatura de orvalho do equipamento (temperatura da superfície externa da serpentina do evaporador), enquanto a temperatura t_s é a temperatura do ar, à saída desta serpentina (Figura 8.2).

Esta mantém com a temperatura t_0 a relação dada pelo conceito de fator de contato Fc do intercambiador, no caso a serpentina evaporadora:

$$Fc = \frac{t_a - t_s}{t_a - t_0} \qquad 8.2$$

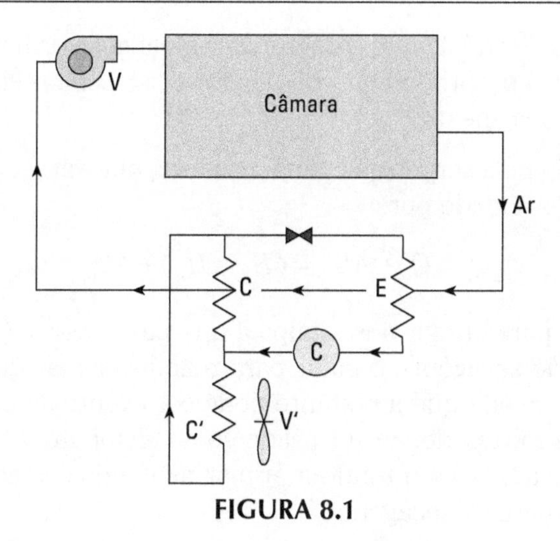

FIGURA 8.1

Para maiores detalhes procure na bibliografia: Refrigeração – Costa, Ennio Cruz da – Blücher – 1982.

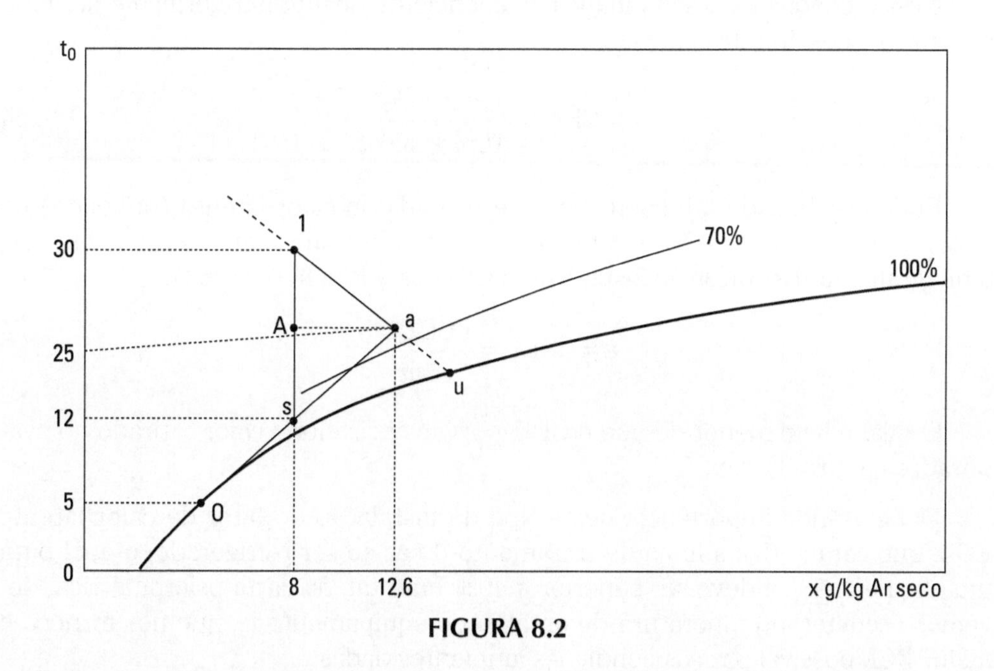

FIGURA 8.2

A inclinação da linha de tratamento do ar, ao passar pelo evaporador *ao*, caracteriza o fator de calor latente FCL, ou seja, a proporção entre o calor latente e o calor total retirado do ar:

$$\text{FCL} = \frac{Q_{\text{latente}}}{Q_{\text{latente}} + Q_{\text{sensível}}} = \frac{M_{\text{ar}}\ r\Delta x}{M_{\text{ar}}\ \Delta H} \qquad 8.3$$

A relação $\Delta H/\Delta x = r/\text{FCL}$, que caracteriza a inclinação da linha de tratamento, tendo como origem a própria origem do diagrama, se acha registrada nas bordas da carta psicrométrica anexa.

O calor liberado pela serpentina condensadora, que vai servir para reaquecer o ar, por sua vez, nos é dado por:

$$Q_c = Q_e + AL_m = (H_a - H_s) + AL_m$$

De modo que, para atingir a isentálpica que passa por a (condições do ambiente da câmara de secagem), o calor para reaquecer o ar deve se restringir à parcela ($Ha - Hs$), sendo que a restante pode ser eventualmente rejeitada para o exterior. O ar assim tratado, ao ser usado como elemento de secagem, segue a linha teórica de secagem $1a$ e tende a atingir as condições caracterizadas pela temperatura da câmara de secagem t_a.

Num balanço térmico global, podemos dizer que o calor latente Q_{latente} kcal/h $= M_{\text{ar}}$ kg/h r kcal/kg Δx kg/kg ar seco é retirado do sistema à custa unicamente do efeito mecânico ALm.

Nestas condições, à semelhança do coeficiente de efeito frigorífico ε, adotado nas instalações de refrigeração

$$\varepsilon = \text{CEF} = \frac{Qe \text{ kcal/kg}}{ALm \text{ kcal/kg}} \qquad 8.4$$

Podemos falar de um coeficiente de retirada de calor latente (umidade) da instalação de estabilização da umidade em estudo (para maiores detalhes, veja bibliografia: Refrigeração – Costa, Ennio Cruz da – Blücher – 1982):

$$\varepsilon = \text{CERU} = \frac{\text{FCL } Qe}{Alm} \qquad 8.5$$

O qual é bem menor do que o CEF, pois só aproveita o calor retirado no evaporador na forma latente.

Daí a grande importância neste tipo de instalação do fator de calor latente FCL, que caracteriza a linha de tratamento do ar ao ser refrigerado, o qual para uma boa eficiência deve ser superior a 40% Para tal, na carta psicrométrica, devemos escolher a temperatura de orvalho do equipamento t_0, que nos forneça o maior FCL possível para as condições ambientes dadas.

Para evitar que a temperatura de condensação do sistema de refrigeração t_c, seja muito alta, utilizando-se apenas o ar refrigerado no condensador, a temperatura do ambiente de secagem t_a, não deve ser muito elevada.

Por outro lado, para temperaturas do ambiente da câmara de secagem t_a muito baixas, a possibilidade de retirada de umidade durante a refrigeração é muito reduzida (FCL $<0{,}4$).

Nestas condições, é interessante manter a câmara de secagem tanto no inverno como no verão a uma temperatura t_a, da ordem de 25°C.

Devido às perdas térmicas que podem ocorrer na câmara de secagem, isto só é possível, jogando com o ar de condensação, o qual no verão utilizará parte de ar exterior, enquanto no inverno poderá ser integralmente o refrigerado pelo evaporador e só excepcionalmente será usado um aquecimento adicional.

EXEMPLO 8.1

Especificar a instalação de secagem por estabilização destinada ao tratamento de uma tonelada por dia de madeira de baixa densidade.

As madeiras leves apresentam quando verdes uma umidade de cerca de 35%, a qual se estabiliza nas condições ambientes em média a 10% (veja Tabela 3.1).

O tempo de secagem destas madeiras com ar quente varia de 3 a 18 dias com temperaturas que não excedem 50°C.

Entretanto, com o processo analisado de estabilização que trabalha com ar desidratado, podemos contar com o prazo mínimo citado.

Nestas condições, podemos estabelecer:

M_{MU} = 1.000kg/dia = 41,7 kg/h

M_{MS} = 750 kg/dia = 31,3 kg/h

M_V = 10,4 kg/h

Acomodação do material para 3 dias de produção – câmara de 30 m^3 para acomodar 10 m^3 de madeira cortada em tábuas, gradeadas e bem espaçadas.

Para um melhor aproveitamento do sistema de refrigeração e, ao mesmo tempo, conseguir uma melhor estabilização da umidade da madeira ao entrar em contato com o meio externo depois de secada, nos fixaremos em temperaturas de 20°C a 25°C para a câmara de secagem.

Além disto, para fazer uma análise mais completa do processo de estabilização, consideraremos separadamente as duas condições de secagem correspondentes às condições ambientes limites dadas de 20°C e 25°C, e pressuporemos que este se mantenha a uma umidade relativa máxima de 60%.

Como elemento adicional de partida, selecionaremos para o evaporador uma serpentina convencional tipo MARLO de tubos de Cobre de 5/8" OD com 1 mm de espessura, em disposição desencontrada, com 4 fileiras de tubos, com 160 aletas por metro linear de tubo, e superfície de face Ωf dimensionada para uma velocidade de face c_f = 2 m/s, cujo fator de contato Fc vale 0,65 (para maiores detalhes procure a bibliografia – Costa, Ennio Cruz da – Refrigeração – Editora Blücher -1982).

Com o auxílio da carta psicrométrica, podemos selecionar a temperatura de orvalho t_0 mais adequada para o funcionamento eficiente do equipamento de refrigeração e determinar o FCL do tratamento do ar, a temperatura de saída do ar da serpentina evaporadora t_s, o conteúdo de umidade do ar tratado x_s, em cada uma das situações em análise.

Os valores achados se encontram na tabela que acompanha o presente estudo, onde ainda aparecem:

$$M_{ar} = \frac{M_V}{x_a - x_s} \text{ kg ar seco/h}$$

$$V_{ar} = \frac{M_{ar}}{\rho_a} \text{m}^3\text{/h}$$

$$\rho_a = 1{,}293 \frac{273}{273 + t_a} \text{ kg/m}^3$$

$$Q_{\text{latente}} = r_0 M_V = 597{,}24\ M_V = M_{ar}(H_a - H_A) \text{ kcal/h}$$

$$Q_{\text{sensível}} = M_{ar}(H_A - H_s) \text{ kcal/h}$$

$$Q_{\text{total}} = M_{ar}(H_a - H_s) \text{ kcal/h} = \frac{Q_{\text{latente}}}{\text{FCL}} \text{ kcal/h}$$

Quanto à instalação de refrigeração, analisaremos as duas situações propostas, determinando as grandezas em jogo para cada um dos casos.

Assim, começamos por escolher as temperaturas de evaporação e condensação, levando em conta um gradiente térmico médio de 10°C, a fim de garantir um dimensionamento econômico tanto do evaporador como do condensador, mas sem onerar excessivamente a eficiência térmica do conjunto.

A seguir, calculamos os calores em jogo no evaporador Qe, no condensador Qc e no compressor Alm, usando para isto o diagrama TS do fluido frigorígeno adotado ou fórmulas práticas correspondentes (para maiores detalhes veja a bibliografia – Refrigeração – Costa, Ennio Cruz da Editora Blücher – 1982), os quais nos permitirão determinar as demais grandezas características da instalação e efetuar o seu dimensionamento.

Os valores citados se acham relacionados na tabela que acompanha o presente estudo, onde aparecem ainda:

$$\text{CEF} = \frac{Qe}{Alm} = \frac{Q_{\text{total}}}{\text{Efeito mecânico}}$$

$$\text{CERU} = \text{FCL} \times \text{CEF} = \frac{\text{FCL}\ Q_{\text{total}}}{\text{Efeito mecânico}} = \frac{Q_{\text{latente}}}{\text{Efeito mecânico}}$$

Potência frigorífica $Pf = Q_{total} fg/h = \frac{Q_{total}}{3.023,95}$ TR (toneladas de refrigeração)

Potência calorífica $Pc = Q_{total} \frac{Qc}{Qe} = Q_{total} \frac{Qe + ALm}{Qe} = Q_{total} \left(1 + \frac{1}{CEF}\right)$

Potência mecânica $Pm = Pc - Pf = \frac{Q_{total}}{CEF}$ kcal/h

E considerando um rendimento total de 70% para o compressor:

$$Pm = \frac{Q_{total}}{0,7 \times 860 \times CEF} \text{kW} = \frac{Q_{total}}{0,7 \times 632,5 \times CEF} cv$$

A seção de face da serpentina evaporadora como especificada seria:

$$\Omega f_{evaporador} = \frac{V_{ar} \text{ m}^3/\text{h}}{3.600 \times 2 \text{ m/s}} \text{m}^2$$

E para o condensador, adotando uma mesma serpentina convencional tipo MARLO de tubos de cobre de 5/8" *OD* com 1 mm de espessura em disposição desencontrada com 4 fileiras de tubos, mas com 400 aletas por metro linear e, considerando o ar de condensação saindo da serpentina na temperatura t_1, podemos caracterizar os seus respectivos fatores de contato (para maiores detalhes procure a bibliografia – Transmissão de calor – Costa, Ennio Cruz da – Editora Emma – Porto Alegre – 1967):

$$Fc = \frac{t_{1'} - t_s}{t_c - t_s}$$

De modo que podemos selecionar para a serpentina especificada uma velocidade de face determinada e para a vazão dada, a seção correspondente.

Na realidade, para evitar o excessivo aquecimento do sistema durante o verão, deverá ser previsto um condensador externo ao circuito de ar refrigerado, para eliminar a parcela adicional de calor 1/CEF (~20%), trabalhando para isto com o ar exterior.

Nestas condições, para que esta parte do condensador não aumente a temperatura de condensação, já que o ar exterior tem uma temperatura bem superior à do ar refrigerado, a mesma deve ser praticamente a metade do condensador principal.

Por outro lado, para um melhor controle da temperatura-limite da câmara de secagem, o ventilador que irá movimentar o ar exterior de condensação desta parte do condensador deverá ser preferentemente de velocidade variável.

ITEM	GRANDEZA	CONDIÇÃO I	CONDIÇÃO II
Carta Psicrométrica			
1	t_a	25°C	20°C
2	φ_a	60%	60%
3	x_a	12,6 g/kg ar seco	9,1 g/kg ar seco
4	t_0	5°C	0°C
5	FCL	0,46	0,43
6	t_s	12,0°C	7,0°C
7	x_s	8,0 g/kg ar seco	5,6 g/kg ar seco
8	Δx	4.6 g/kg ar seco	3,5 g/kg ar seco
9	t_1	36,0°C	31,0°C
10	M_V	10,4 kg/h	10,4 kg/h
11	M_{ar}	2.260,9 kg ar seco/h	2.971,4 kg ar seco/h
12	γ_{ar} a t_a	1,185 kg/m^3	1,205 kg/m^3
13	V_{ar}	1.908 m^3/h	2.466 m^3/h
14	$Q_{latente}$	6.211,3 kcal/h	6.211,3 kcal/h
15	$Q_{sensível}$	7.291,5 kcal/h	8.233,6 kcal/h
16	Q_{total}	13.502,8 kcal/h	14.444.9 kcal/h
Refrigeração			
17	t_e	–2°C	–7°C
18	t_c	41°C	36°C
19	*Qe*	27,13 kcal/kg fluido	27,79 kcal/kg fluido
20	*Qc*	32,45 kcal/kg fluido	33,42 kcal/kg fluido
21	*Alm*	5,32 kcal/kg fluido	5,63 kcal/kg fluido
22	CEF	5,10	4,94
23	CERU	2,35	2,12
24	*Pf fg*/h	13.502,8 *fg*/h	14.444,9 *fg*/h
25	*Pf TR*	4,47 *TR*	4,78 *TR*
26	*Pc* kcal/h	16.150,4 kcal/h	17.369,0 kcal/h
27	*Pm* kcal/h	2.647,6 kcal/h	2.924,1 kcal/h
28	*Pm* kW	4,40 kW	4,86 kW
29	*Pm* cv	5,98 cv	6,60 cv
Evaporador			
30	Ωf m^2	0,32 m^2	0,34 m^2
Condensador			
31	*Fc*	0,83	0,83
32	c_f m/s	1,7 m/s	1,7 m/s
33	Ωf m^2	0,37 m^2	0,49 m^2
Condensador adicional			
34	Ωf m^2	0,18 m^2	0,25 m^2
35	c_f m/s	1,7 m/s	1,7 m/s
36	$V_{ar\ ext.\ máximo}$	954 m^3/h	1.233 m^3/h

Observações:

a) Podemos verificar que, na técnica adotada, a eficiência do sistema cai com a temperatura ambiente (<FCL), enquanto o tamanho da instalação aumenta ($< \Delta x$).

b) Para condições ambientes com temperaturas inferiores a 20°C não só o FCL se torna muito baixo, como a tendência de congelamento da serpentina para um melhor aproveitamento na retirada de umidade do ar torna o funcionamento da instalação bastante inadequado.

c) Os coeficientes de efeito de retirada de umidade, por outro lado, nos mostra que, para cada kcal/h ou Watt de potência mecânica despendida, corresponderão 2,35 ou 2,12 kcal/h ou Watt de potência calorífica em forma latente retirada, o que corresponde a um bom desempenho da instalação em estudo.

8.3 – SECAGEM POR REFRIGERAÇÃO COM BOMBA DE CALOR A CIRCUITO ABERTO

Semelhante ao anterior, por usar o efeito de bomba de calor do ciclo de refrigeração, este processo adota um ciclo de refrigeração, no qual o fluido frigorígeno é a própria umidade a ser retirada do produto.

Este proceder pode se adotado para a concentração de soluções e suspensões por ebulição, a qual se verifica vantajosamente a temperaturas inferiores à temperatura ambiente por meio de instalações bastante simples (Figura 8.3)

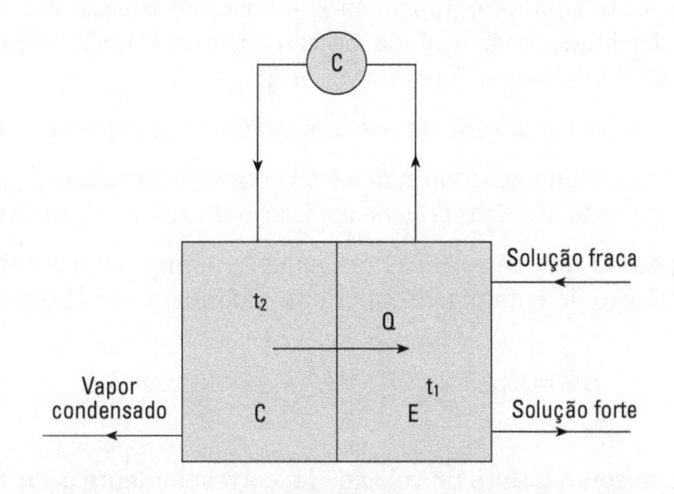

FIGURA 8.3

Na realidade, devido as pressões envolvidas, que são muito baixas como se depreende da tabela de de vapores dágua que segue, os volumes de fluido em deslocamento são enormes, variando de 300 m^3 a 500 m^3 por tonelada de refrigeração (TR = 3.023,95 *fg*/h).

TABELA 8.1

t °C	*p* kgf/cm^2	*v* m^3/kg	*r* kcal/kg
10	0,01273	108,68	592
15	0,01832	81,50	589
20	0,02391	58,10	586
25	0,03370	44,00	583
30	0,04348	33,12	580
40	0,07565	19,70	575
50	0,1262	12,11	569

Nestas condições, como os compressores a serem usados nestas instalações seriam muito grandes, mesmo em se tratando de compressores centrífugos de alta rotação, prefere-se usar nas mesmas, como fonte de efeito mecânico, injetores-ejetores que trabalham com vapor vivo de pressão absoluta de 10 kgf/cm^2 a 15 kgf/cm^2.

Tais equipamentos, embora apresentem no ciclo um efeito mecânico ALm superior ao de um compressor convencional, têm um tamanho e sobretudo um custo bastante inferior ao deste.

O cálculo deste tipo de equipamentos é bastante trabalhoso, mas pode ser grandemente facilitado com a ajuda de um diagrama ENTALPIA–ENTROPIA (diagrama de MOLLIER anexo) para o vapor d'água.

Nos injetores–ejetores verificam-se as seguintes operações (Figura 8.4):

a) Inicialmente, o elemento motor, que é o vapor vivo à pressão p_1, sofre no injetor uma expansão até a pressão de aspiração do sistema de refrigeração p_2.

Nesta expansão que se verifica normalmente numa tubeira convergente-divergente, a variação de entalpia do vapor é transformada em energia cinética:

$$\Delta H = H_1 - H_2 = A\left(\frac{c_1^2}{2g} - \frac{c_2^2}{2g}\right) = A\frac{c^2}{2g} \text{ kcal/kg} \qquad 8.6$$

Onde c representa o salto de velocidade, correspondente à variação da energia cinética, isto é (para A = 426,95 kgfm/kcal e g = 9,80665 m/s^2):

$$c = \sqrt{\frac{2g\,\Delta H}{A}} = 91{,}53\sqrt{\Delta H}\ \text{m/s} \tag{8.7}$$

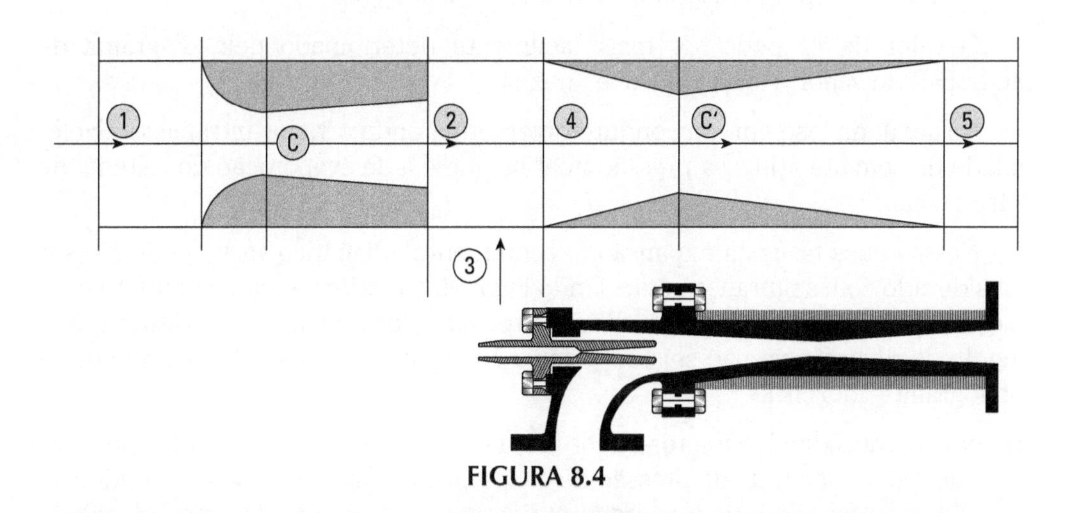

FIGURA 8.4

Caso não houvesse atrito, esta expansão seria uma transformação isentrópica (adiabática sem atrito), fácil de locar no diagrama de MOLLIER (anexo).

Na realidade, esta retirada de energia isentrópica do sistema ($-\Delta H_0$, portanto negativa), sofre uma redução devida ao atrito ($+\ \Delta Hr$ sempre positivo), de modo que:

$$-\Delta H = -\Delta H_0 + \Delta Hr\ \text{kcal/kg} \tag{8.8}$$

O que caracteriza o chamado rendimento adiabático da transformação:

$$\eta_a = \frac{\Delta H}{\Delta H_0} = \frac{\Delta H_0 + \Delta Hr}{\Delta H_0} \tag{8.9}$$

Por outro lado, é importante salientar que esta expansão se verifica em duas fases.

A primeira fase num conduto convergente, até atingir a velocidade do som dada por:

$$c_{\text{som}} = \sqrt{g\,k\,p_c v_c} \tag{8.10}$$

Onde a pressão crítica p_c, pode ser determinada com boa aproximação pela equação:

$$p_c = p_1 \left(\frac{2}{k+1}\right)^{k/k-1} \tag{8.11}$$

Onde o valor de k, vale:

Para os vapores superaquecidos – k = 1.3
Para os vapores saturados de titulo x – k = 1,035 + 0,1x

O valor de v_c pode ser mais facilmente determinado pelo diagrama de MOLLIER do vapor d'água (encarte anexo).

Na segunda fase em um conduto divergente, onde o vapor ultrapassa a velocidade do som até atingir a pressão final p_2, que é a de evaporação do sistema de refrigeração.

Nestas duas fases da expansão, o rendimento adiabático varia, podendo ser considerado com segurança como sendo igual ou superior a 0,95 no conduto convergente, enquanto no conduto divergente seu valor é igual a 0,85 desde que o ângulo de divergência não seja superior a 15° (para maiores detalhes procure a bibliografia – Idel'cik).

b) Na operação final, o injetor-ejetor efetua a compressão da mistura vapor vivo mais vapor aspirado da pressão de evaporação p_4 até a pressão de condensação p_5, num conduto convergente-divergente, passando de uma velocidade eventualmente supersônica c_4 para a velocidade final de alimentação do condensador c_5.

Esta operação eventualmente também será constituída de duas fases, uma supersônica e outra infra-sonora, que deverão, como no caso anterior, serem calculadas separadamente, já que seus rendimentos adiabáticos são diferentes.

O importante nesta operação é que a velocidade disponível c_4, seja suficiente para conseguir a compressão desejada, isto é, como a variação de entalpia numa compressão é positiva:

$$A\frac{c_4^2 - c_5^2}{2g} = \frac{+\Delta H_0}{\eta_a} = +\Delta H_0 + \Delta Hr = +\Delta H = H_5 - H_4 \qquad 8.12$$

Ou ainda, de acordo com a equação 8.7:

$$c \sim= c_4 = 91,53\sqrt{\Delta H}$$

c) Operação mistura onde se verifica:

$$M_2 + M_3 = M_4 \qquad 8.13$$

$$M_2c_2 + M_3c_3 = M_4c_4 \qquad 8.14$$

Além das perdas por choque e por atrito (que consideraremos como 10% das de choque):

$$M_2\frac{c_2^2}{2g} + M_3\frac{c_3^2}{2g} - M_4\frac{c_4^2}{2g} = \frac{M_2M_3(c_2 - c_3)^2}{2g(M_2 + M_3)} \text{ kgf/m} \qquad 8.15$$

Ou ainda em kcal e por kg de vapor, incluindo o atrito:

$$\Delta Hr_{\text{mistura}} = A\frac{M_2 M_3 (c_2 - c_3)^2}{2g(M_2 + <_3)^2} 1{,}1 \text{ kcal/kg vapor} \qquad 8.16$$

Nestas condições, para determinar M_2, necessitamos de c_4 (equações 8.13 e 8.14).

Mas para calcular c_4 é necessário locar o ponto 4 que depende das massas M_2 e M_3, de modo que o problema só se resolve por tentativas.

Por sorte, no diagrama de Mollier entre duas pressões dadas, a diferença das entalpias apresenta uma variação relativamente pequena, o que facilita o processo de iteração.

EXEMPLO 8.2

Numa fábrica que produz uma tonelada de suco de laranja em pó por dia a partir do suco de laranja natural com 12% de material seco, cujo calor específico é de 0,35 kcal/kg°C, se pretende aumentar a sua concentração para uma suspensão com apenas 50% de umidade, por refrigeração com um sistema de bomba de calor funcionando diretamente com o suco a uma temperatura de evaporação de 15°C.

Nestas condições, podemos relacionar os seguintes valores:

Suco em pó – 41,7 kg/h
Material inicial – 347,2 kg/h
Material final – 83,4 kg/h
Umidade a retirar – M_V = 263,8 kg/h

Embora inicialmente o sistema possa manter um Δt vantajoso, pouco superior a 10°C, na realidade, com o aumento da concentração da suspensão é de se esperar gradientes térmicos de até 25°C, razão pela qual dimensionaremos a instalação para funcionar entre os limites de temperatura de 15°C na evaporação e 40°C na condensação.

Caso a pressão de condensação seja mais favorável, o que poderá ocorrer quando a concentração for menor, na tubeira de descarga haverá o descolamento do fluido em escoamento ao atingir esta pressão sem problemas maiores para o desempenho da instalação.

Como fonte de efeito mecânico usaremos vapor saturado seco à pressão absoluta de 15 kgf/cm^2.

A orientação de cálculo adotada foi a seguinte (Figura 8.5):

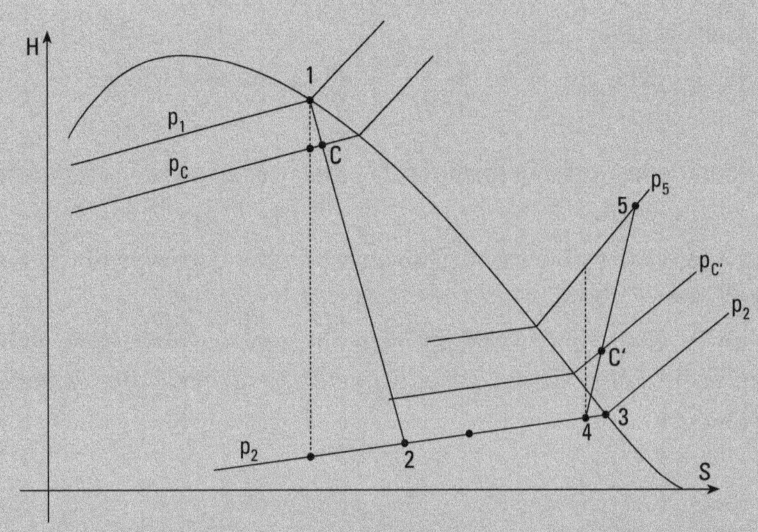

FIGURA 8.5

a) A partir das condições do vapor vivo (ponto 1) registramos no diagrama de Mollier a expansão 1C2 até a pressão de evaporação (ponto 2) passando pelo ponto crítico C caracterizado pela relação crítica de pressão (dada pela equação 8.11) e levando em conta os respectivos rendimentos adiabáticos.

   As leituras diretas de entalpias nos permitem calcular as velocidades do vapor nos pontos C e 2.

b) Com aproximação razoável, podemos obter do diagrama a eventual variação de entalpia na compressão 45 e calcular a velocidade c_4 necessária para obtê-la.

c) Com a velocidade achada podemos calcular a partir da equação 8.14 a massa de vapor vivo a adotar, a qual nos permite a partir das entalpias dos pontos 2 e 3 determinar a entalpia do ponto 4, dada por:

$$H_4 = \frac{M_3 H_3 + M_2 H_2}{M_3 + M_2} + \Delta Hr_{\text{mistura}}$$

   onde ΔHr mistura nos é dada pela equação 8.16

d) Com a entalpia do ponto 4 podemos locá-lo no diagrama e efetuar uma nova leitura da variação da entalpia na compressão 45 e recalcular a velocidade c_4, caso não confira com a aproximada calculada no item b.

e) Com todos os pontos locados adequadamente no diagrama de Mollier, podemos ler os volumes específicos correspondentes e calcular as seções de passagem para o dimensionamento completo do injetor–ejetor, fazendo:

$$\Omega = \frac{M \text{ kg/h } v \text{ m}^3\text{/kg}}{3.600c \text{ m/s}} \text{m}^2$$

Todos os valores citados se acham relacionados na tabela que segue:

Ponto	1	C	2	3	4	C′	5
p kgf/ cm^2	15	8,667	0,01832	0,01832	0,01832	0,0437	0,07565
t_s	200°C	173°C	15°C	15°C	15°C	30°C	40°C
t	—	—	—	—	—	42°C	80°C
v m^3/kg	0,127	0,22	58	76	72	34	23
x (título)	1	0,957	0,8	1	0,97	—	—
H_0 kcal/kg	—	638	463	—	540	614	632
H kcal/kg	667	640	488	603,5	584	616	639,2
c m/s	20	475,6	1.225	100	673	441	50
M kg/h	322	322	322	263,8	585,8	585,8	585,8
Ω cm^2	6,46	0,41	42,4	557	—	125	748
D cm	2,9	0,77	7,4	27	—	12,6	31

Observação: Nos pontos críticos C e C′, o dimensionamento da seção deve ser rigoroso, pois ele define para as pressões dadas a descarga de vapor estipulada.

Como dimensionamento adicional, para atender ao rendimento adiabático que serviu de base para os cálculos anteriores, os condutos convergentes podem ser simplesmente arredondados, enquanto os divergentes devem manter um ângulo de divergência menor do que 15°, de modo que devemos fazer:

$$\text{Comprimento C2} > 5\ (D_2 - D_c) \quad \text{Comprimento C}'5 > 5\ (D_5 - D_{c'})$$

Considerando, por outro lado, como ponto de referência a água a 25°C, podemos fazer o seguinte balanço do calor em jogo:

$$\text{Calor consumido} - 322 \text{ kg/h } (667 - 25)\text{kcal/kg} = 206.724 \text{ kcal/h}$$

$$\text{Calor latente retirado} - 263{,}8 \text{ kg/h } (603{,}5 - 25) \text{ kcal/kg} = \\ = 152.608{,}3 \text{ kcal/h}$$

O que nos mostra que, nesta solução, o coeficiente de efeito de retirada de umidade vale 0,74, o que significa que para cada kcal despendida, apenas 0,74 kcal de calor latente é retirada do material.

Analisando este mesmo sistema, mas para um gradiente térmico mais favorável de apenas 10°C, chegaremos a um índice de 1,45.

Por outro lado, comparando este sistema com o sistema de ebulição com múltiplo efeito adotado no exemplo 7.1, onde o gradiente térmico adotado foi de 20°C e o coeficiente de efeito de retirada de umidade foi de 1,89, podemos concluir que as únicas vantagens deste novo processo em relação àquele são a sua simplicidade e a baixa temperatura em que o mesmo opera.

Quanto ao dimensionamento dos intercambiadores, lembrando que, na condensação do sistema, o calor em jogo vale:

$$Q_{condensador} = 585{,}8 \text{ kg/h } (639{,}2 - 40) \text{ kcal/kg} = 351.011{,}4 \text{ kcal/h}$$

Dos quais deve repassar para o evaporador, apenas a parcela:

$$Q_{evaporador} = 263{,}8 \text{ kg/h } (603{,}5 - 25) \text{ kcal/kg} = 152.608{,}3 \text{ kcal/h}$$

Devemos ter 2 intercambiadores: um para rejeitar o calor para o exterior e outro para o repassar para o evaporador, de acordo com o registrado na tabela que segue, para tubos de 50 mm × 60,3 mm de diâmetro, onde foram estipulados:

Para o condensador exterior

$$K = 1.500 \text{ kcal/m}^2\text{h°C } \Delta t = 40 - 25 = 15°\text{C}$$

Para o condensador-evaporador

$$K = 600 \text{ kcal/m}^2\text{h°C } \Delta t = 40 - 15 = 25°\text{C}$$

Intercambiador	Q kcal/h	Δt °C	K	S m^2	*L m*
Exterior	351.011,4	15	1.500	15,6	100
Cond.-Evap.	152.608,3	25	600	10,2	65

De modo que adotaríamos, para o intercambiador exterior, um condensador horizontal com 50 tubos de 2 m de comprimento em carcaça de 75 cm de diâmetro interno e, para o intercambiador, condensador-evaporador um equipamento vertical com 65 tubos de 1 m de comprimento em carcaça de 90 cm de diâmetro interno, para facilitar a montagem da descarga do ejetor (Figura 8.6).

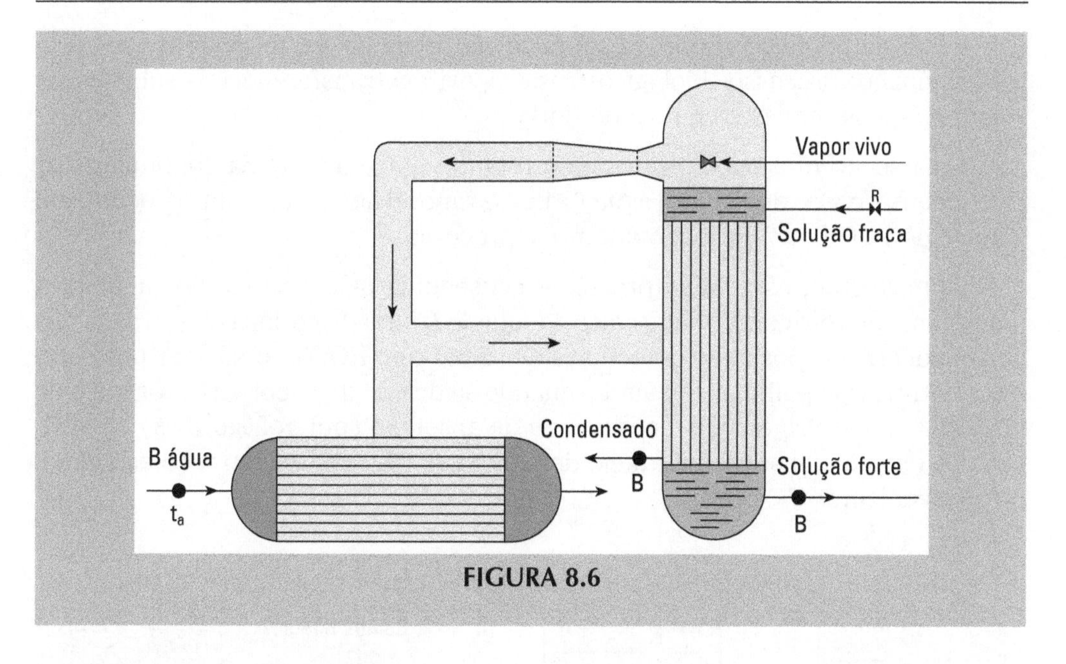

FIGURA 8.6

8.4 – LIOFILIZAÇÃO

A liofilização ou CRYO secagem é a técnica de secagem por refrigeração, na qual a retirada de umidade dos produtos é feita por sublimação a partir dos mesmos previamente congelados.

Basicamente, ela funciona, como já citamos, como uma purga frigorífica, onde a umidade migra naturalmente da superfície quente para a superfície fria.

Na realidade, entretanto, a liofilização é uma operação bem mais sofisticada, sendo constituída de várias etapas:

a) Primeiramente, o produto é refrigerado para a seguir sofrer um congelamento rápido até uma temperatura bastante baixa, que normalmente é da ordem de –30°C a –50°C.

b) A secagem ou liofilização propriamente dita se dá pela vaporização da umidade nesta temperatura em câmara especial.

Assim, a água evapora a 0°C a uma pressão de 4,7 mm Hg.

Se a pressão é inferior a este valor, a umidade vai vaporizar a uma temperatura inferior a 0°C, isto é a umidade em forma de gelo vai se transformar diretamente em vapor, sem derreter.

Trata-se da sublimação, a qual a –40°C se verifica à pressão de saturação de 0,1 mm Hg. Na realidade, a sublimação a –40°C envolve um consumo de calor que inclui o aquecimento do gelo de –40°C até 0°C (0,5 × 40 kcal/kg), a fusão do gelo (80 kcal/kg) e a vaporização da água a 0°C (597,24 kcal/kg), ou seja, cerca de 700 kcal/kg.

A secagem de um produto nesta condição, além de ser feita numa temperatura na qual os processos biológicos cessam, evita a transferência de substâncias solúveis (sucos celulares) para a periferia.

Esta secagem à baixa pressão, entretanto, exige a retirada contínua do ar (incondensáveis) e do vapor d'água (1 kg de vapor d'água a 0,1 mm Hg ocupa um volume de 10.000 m^3) formado durante o processo.

Normalmente, esta baixa pressão é conseguida pela retirada do vapor com um sistema de refrigeração mecânica adequado (purga frigorífica) e extração dos não condensáveis por meio de bombas de vácuo tipo ROOT, auxiliadas por bombas rotativas tipo palhetas, ou ainda, quando se dispõe de vapor vivo, por meio de um sistema de refrigeração mecânica ou de absorção (purga frigorífica) e extração dos não condensáveis por meio de pequenos ejetores de vapor (5 estágios), como nas Figuras 8.7 e 8.8.

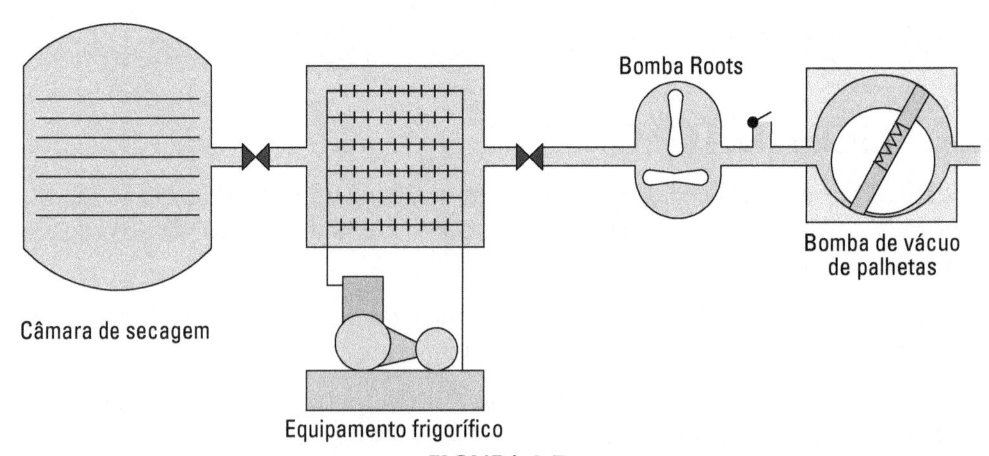

FIGURA 8.7

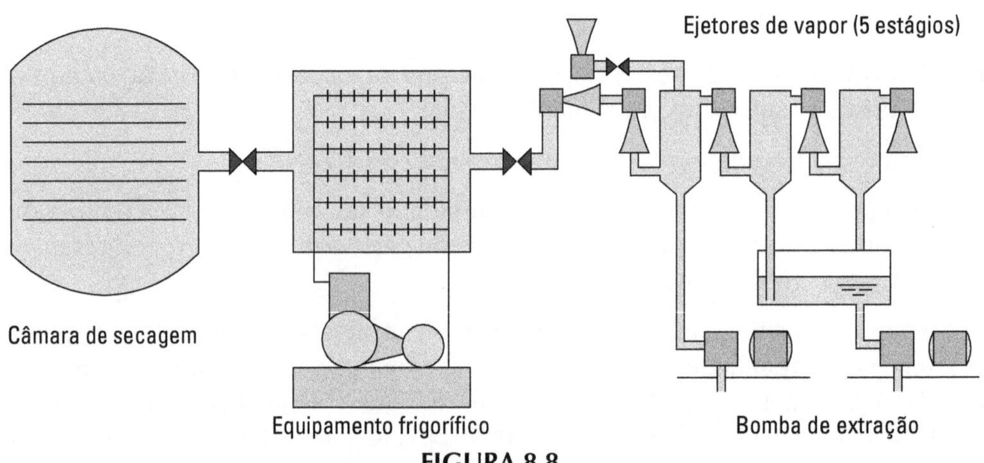

FIGURA 8.8

Esta etapa da liofilização propriamente dita exige que o produto seja poroso para permitir a saída do vapor d'água (a maçã, por exemplo, não pode ser liofilizada) e dividido em pedaços de 10 mm a 20 mm.

Para a liofilização de um líquido, o mesmo deve ser disposto congelado em placas de pequena espessura ou na forma granulada para uma maior superfície externa.

A pressão do vapor d'água na câmara (vácuo) deve ser inferior à pressão de saturação correspondente à temperatura do gelo em sublimação.

O mesmo acontece com a purga frigorífica, cuja temperatura também deve ser inferior à do gelo em sublimação.

Por outro lado, o calor de sublimação (~700 kcal/kg) deve ser fornecido por fonte de calor externo, a qual pode ser tanto de água quente,de resistências elétricas, de microondas, como de radiação infravermelha.

c) Após a retirada do gelo, é necessário extrair do produto a água não congelável que faz parte das substâncias orgânicas.

Esta secagem secundária é efetuada igualmente sob váduo, mas a uma temperatura superior a 0°C.

Terminada a operação, o vácuo da câmara de secagem deve ser quebrado com nitrogênio absolutamente seco, para, a seguir, o material ser retirado e embalado em recipiente estanque sob vácuo ou atmosfera inerte.

Esta técnica de secagem a partir do produto congelado permite a conservação da sua textura e de seus produtos aromáticos.

Realmente, um produto liofilizado se caracteriza por sua estrutura uniforme e de uma porosidade muito fina.

Esta estrutura porosa permite a reidratação muito fácil do produto, propriedade de que lhe vem o nome (LYOPHILE), embora o torne muito suscetível à ação tanto da umidade como do oxigênio do ar ambiente.

Os produtos liofilizados, entretanto, podem ser conservados na prática indefinidamente, desde que mantidos em uma atmosfera rigorosamente seca e inerte.

Como a operação de liofilização exige o congelamento e a condensação da umidade retirada a baixas temperaturas, processos de refrigeração cujos coeficientes de efeito frigorífico são da ordem de apenas 1,5, além de consumir o calor de aquecimento na fase de sublimação e eventualmente o vapor para o sistema de ejeção, ela se caracteriza por um consumo elevado de energia que pode atingir em média:

0,75 kWh por kg de água evaporada
2 kg de vapor vivo por kg de água evaporada.

Nestas condições, a liofilização, a par de suas grandes vantagens, se constitui em processo muito caro, de modo que atualmente ela concorre com outros processos de desidratação, como a secagem por meio de microondas e secagem por meio de pulverizadores, que permitem obter produtos de boa qualidade a um custo bastante inferior.

Esta é a razão pela qual a liofilização está sendo empregada, somente para a secagem de produtos frágeis, de alto valor agregado, em particular aqueles que exigem a preservação dos componentes aromáticos, entre os quais podemos citar o café, o camarão, o champignon, alguns tipos de sucos de fruta, sangue, peças anatômicas de pequeno porte, etc.

8.5 – SECAGEM POR ABSORÇÃO E ADSORÇÃO

8.5.1 – ABSORÇÃO

A absorção é o fenômeno pelo qual um vapor é assimilado a frio, em grandes quantidades, por certos líquidos ou soluções salinas.

A absorção, assim como a condensação, são fenômenos exotérmicos, assim para o caso da água o calor em jogo é da ordem de 10.000 kcal/mol.

Se esta solução binária assim concentrada é aquecida, isto é, recebe de volta o calor que produziu durante a fase de absorção, verifica-se a distilação fracionada, na qual o vapor formado será o do fluido mais volátil (absorvido), podendo ser novamente separado do elemento absorvente.

A absorção, na realidade, é um caso particular de mistura ou dissolução, fenômenos estes onde o fluido absorvido penetra mais ou menos profundamente no material absorvente, ao qual fica incorporado.

O fenômeno da absorção apresenta pouco interesse para a técnica da secagem, sendo seu uso mais relacionado com a técnica da refrigeração, onde são particularmente importantes os seguintes sistemas de absorção:

a) Refrigeração por absorção que usa a amônia como fluido frigorígeno e a água como absorvente, de largo uso na termorrefrigeração doméstica (refrigeradores a querosene ou a aquecimento elétrico), ou na produção industrial de temperaturas baixas, como na produção de gelo, etc.

b) Refrigeração por absorção que usa a água como fluido frigorígeno e o brometo de lítio como absorvente, também de largo uso na refrigeração, destinada à produção de temperaturas mais amenas como no ar condicionado, sobretudo associadas a instalações que adotam o aquecimento por meio de vapor vivo no inverno.

Para maiores detalhes procure a bibliografia – Refrigeração – Costa, Ennio Cruz da, – Editora Blücher – 1982.

8.5.2 - ADSORÇÃO

A adsorção é o fenômeno pelo qual uma mistura de fluidos, em contato com um sólido, tem um de seus componentes retido.

A adsorção se deve ao fato de que a superfície de qualquer sólido se encontra em estado de tensão, ou de não saturação, que forma um verdadeiro campo residual de forças de coesão superficial.

A tendência natural de redução desta energia livre da superfície é a responsável pelo fenômeno aludido.

A adsorção se refere, portanto, estritamente à existência de uma concentração mais alta de um determinado componente, na superfície de uma fase sólida do que no seu interior, o que caracteriza este fenômeno como essencialmente de superfície.

A adsorção pode ser classificada como física ou química.

Na adsorção física, intervêm apenas as forças de coesão molecular (forças de VAN DER WAALS), caracterizando-se a mesma por apresentar calores de adsorção relativamente pequenos (da ordem de 10.000 kcal/mol para o vapor d'água) e um estado de equilíbrio entre o sólido e o fluido (estado de saturação do sólido) que depende da temperatura do adsorvente e da pressão parcial do fluido adsorvido.

Na adsorção química, intervêm forças de atração semelhantes às da valência, que estabelecem ligações de natureza química, as quais se caracterizam por ter calores de adsorção bastante mais elevados (20.000 kcal/mol a 100.000 kcal/mol).

A adsorção se constitui atualmente em processo importante para a desumidificação do ar atmosférico (retirada de calor latente).

Na técnica de desumidificação do ar por adsorção, os adsorventes mais usados atualmente são a SÍLICA GEL e a ALUMINA ATIVADA.

8.5.3 - CAPACIDADE DE ADSORÇÃO

Capacidade de adsorção Xs é a relação emtre o peso de fluido adsorvido e o peso do adsorvente.

A capacidade de um sólido adsorver um fluido depende das características do sólido, da composição do fluido e da temperatura e pressão do processo.

A velocidade de adsorção, por sua vez, diminui rapidamente ao longo do processo, desde um valor inicial elevado até zero no ponto de saturação.

O tempo τ_s para atingir a saturação do adsorvente varia fundamentalmente com o fator de contato deste com o fluido a ser adsorvido.

8.5.4 – INFLUÊNCIA DA TEMPERATURA E DA PRESSÃO SOBRE A ADSORÇÃO

A capacidade de adsorção aumenta com a pressão e diminui com a temperatura, como nos mostra o diagrama de COX (Figura 8.9).

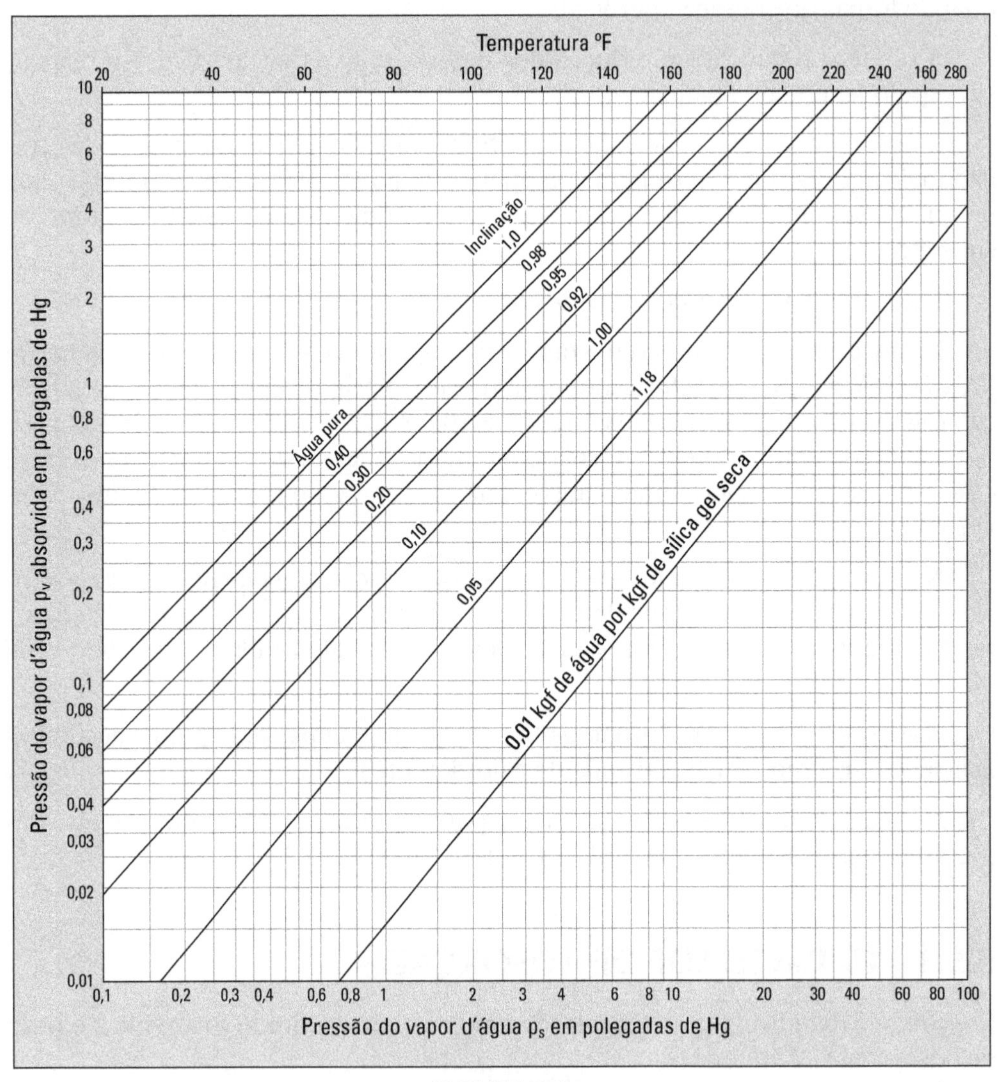

FIGURA 8.9

Onde a relação entre a pressão parcial do vapor p_v e a capacidade de adsorção Xs, para vapores afastados de suas condições normais de saturação, é expressa para uma mesma temperatura (p_s), pela equação empírica de FREUNDLICH:

$$p_v = aX_s^n \qquad 8.17$$

Para a sílica gel comercial é usual adotar-se para a adsorção do vapor d'água do ar a temperaturas inferiores a 38°C, a equação simplificada:

$$Xs = 0,55\frac{p_v}{p_s} = 0,55\varphi \qquad 8.18$$

Nestas condições, para uma temperatura dada, a cada concentração do vapor d'água no ar (conteúdo de umidade x kg/kg ar seco) corresponderá uma umidade relativa $\varphi = p_v/p_s$ e, portanto, uma concentração de equilíbrio Xs do vapor d'água no sólido adsorvente.

Além da temperatura e da pressão, a capacidade de adsorção de um material adsorvente pode ser influenciada:

- Pelo desprendimento e, naturalmente, a dissipação do calor que acompanha o processo;
- Pelas impurezas tanto do fluido como do material adsorvente;
- Pela perda de carga do fluido que atravessa a camada de material adsorvente.

8.5.5 – CALOR DE ADSORÇÃO

Conforme citamos, a adsorção é um fenômeno exotérmico.

O calor de adsorção varia com a concentração do fluido adsorvido, atingida no adsorvente.

Ao nos aproximarmos da saturação do adsorvente, o calor de adsorção tende para o calor de condensação do fluido adsorvido.

Assim como a saturação da sílica gel com vapor d'água a 0°C é atingida na concentração de 0,4, o calor de adsorção nesta situação valerá:

18 kg/mol × 597,24 kcal/kg = 10.750 kcal/mol

Já que o calor de adsorção varia durante o processo, os efeitos caloríficos da adsorção, normalmente são calculados em função de um calor médio dado pela equação de CLAPEYRON:

$$Q_{\text{adsorção}} = r\frac{d\ln p_s}{d\ln p_v}\ \text{kcal}$$

Analisando a equação acima, notamos que o calor de adsorção é dado pelo produto do valor de r pela inclinação das retas que aparecem no diagrama de COX.

Assim, podemos calcular o calor de adsorção médio envolvido no processo, em função da temperatura (r, p_s) e dos limites de concentração envolvidos pelo mesmo.

8.5.6 – DESUMIDIFICAÇÃO DO AR POR MEIO DE MATERIAIS ADSORVENTES

A desumidificação do ar ocorre, quando o mesmo passa através de um leito de material adsorvente, se a concentração do vapor d'água no ar for maior do que a concentração de equilíbrio do vapor d'água no material adsorvente considerado (equação 8.18).

Devido à diferença de temperatura que normalmente ocorre entre o ar e o adsorvente, existe uma troca de calor entre ambos.

Nestas condições, para manter a temperatura do adsorvente constante, seria necessário arrefecer o leito adsorvente por meio de uma serpentina de refrigeração.

Em tal caso, o balanço do material seria fácil, entretanto na realidade os equipamentos de adsorção operam adiabaticamente, o que torna a análise matemática da desumidificação bastante mais difícil.

Para facilitar os cálculos relativos a este processo, os conceitos de ETAPA DE EQUILÍBRIO e ETAPA FINAL são importantes.

Uma etapa de equilíbrio na adsorção de um fluido se define como sendo aquela condição, na qual a concentração resultante que sai tem a mesma concentração do fluido aderida ao sólido (o que caracteriza o fim do processo nesta etapa).

Quando se trata de uma única etapa de equilíbrio, a solução direta pode ser obtida por meio do diagrama ENTALPIA–CONCENTRAÇÃO, constituído da superposição dos dois diagramas de entalpia–concentração de cada uma das fases intervenientes (Figura 8.10).

Para isto se constrói o diagrama da seguinte maneira:

Para a fase sólida, tomando como ordenadas as entalpias por unidade de peso do adsorvente isento de adsorvido (kcal/kg de sílica gel seca) e como abscissas a concentração X em peso do adsorvido no adsorvente (kg de vapor d'água/kg sílica gel seca).

Para a fase fluida, tomando como ordenadas a entalpia por unidade de peso do componente inadsorvido (kcal/kg ar seco) e como abscissas a concentração x_1, ou seja o conteúdo de umidade por kg de ar seco.

Nestas condições, adotando a nomenclatura:

Mse – Descarga de sílica seca que entra no processo em kg/h
Mss – Descarga de sílica seca que sai do processo em kg/h
Mare – Descarga de ar seco que entra no processo em kg/h
Mars – Descarga de ar seco que sai do processo em kg/h
Mt – Descarga total de material seco em jogo
X – Concentração do vapor d'água na sílica gel em kg vapor d'água/kg sílica gel seca

x – Concentração ou conteúdo de umidade do ar em kg vapor d'água/kg ar seco

Hs – Entalpia da sílica gel úmida em kcal/kg sílica gel seca

Har – Entalpia do ar uúmido em kcal/kg ar seco

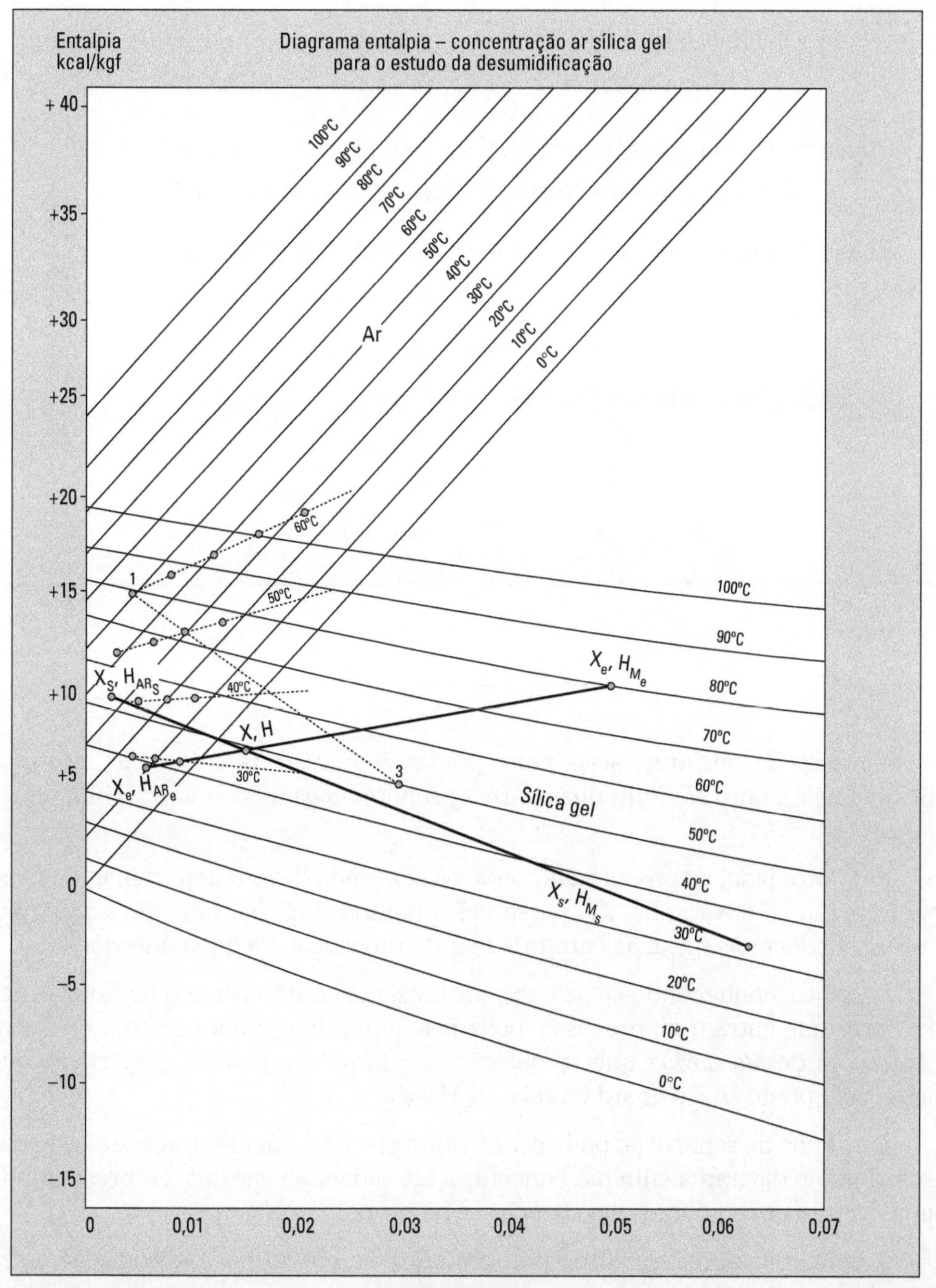

FIGURA 8.10

Nestas condições, podemos escrever:

$$Mse + Mare = Mss + Mars = Mt$$

E como o adsorvente não aparece no cômputo das massas:

$$Mse = Mss = Ms \qquad Mare = Mars = Mar$$

E para o componente adsorvido:

$$Mse\ Xe + Mare\ x_e = Mss\ Xs + Mars\ x_s = Mt\ X$$

Ou ainda o balanço térmico considerando o processo como adiabático:

$$Hse\ Mse + Hare\ Mare = Hss\ Mss = Hars\ Mars = H\ Mt$$

Equações que nos permitem escrever as condições de entrada:

$$Ms\ Xe + Mar\ x_e + Mt\ X$$

$$Ms\ Hse + Mar\ Hase = Mt\ H$$

Ou ainda lembrando que $Ms = Mt - Mar$

$$\frac{Mar}{Mt} = \frac{X - Xe}{x_e - Xe} = \frac{H - Hse}{Hare - Hse}$$

$$\frac{Ms}{Mt} = \frac{x_e - X}{x_e - Xe} = \frac{Hare - H}{Hare - Hse}$$

Isto é:

$$\frac{H - Hse}{X - Xe} = \frac{Hare - Hse}{x_e - Xe}$$

Equação da reta que passa pelos pontos $H\ X$, $Hse\ Xe$ e $Hare\ x_e$, a qual é dividida pelo ponto $H\ X$ em duas partes proporcionais a Ms e Mar (linha de repartição).

Por outro lado, as procuradas condições de saída devem determinar, da mesma forma, uma nova linha que passa pelos pontos $H\ X$, $Hs\ Xs$ e $Hars\ x_s$, a qual deverá obedecer às mesmas carcterísticas de repartição da linha anterior.

Portanto, conhecendo-se as temperaturas, concentrações e quantidades dos materiais que entram no processo, podemos determinar a temperatura e as concentrações de Ms e Mar que se obterão, localizando a linha de repartição que passa pelo ponto $H\ X$ e guarda a relação Ms/Mar.

Esta linha de repartição pode ser identificada diretamente, traçando-se várias isotermas no diagrama entalpia-concentração, cada uma das quais representando uma mistura em equilíbrio das duas fases na proporção Ms/Mar.

A temperatura de equilíbrio do ponto $H\ X$ se obtém por interpolação entre estas isotermas.

Conhecida a temperatura t do ponto H X, a linha de repartição correspondente às condições de saída e que deve guardar a proporção Ms/Mar pode ser traçada, pois $t = t_{ss} = t_{ars}$.

Quando a desumidificação não é adiabática, conhecendo-se o fluxo de calor, isto é a quantidade de calor Q adicionada ao processo em kcal/ kg sílica gel seca + ar seco, pode-se adotar a seguinte correção:

$$Mse\ Hse + Mare\ Hare = Mt\ (H + Q)$$

EXEMPLO 8.3

Determinar as condições de saída de 800 kg/h de ar úmido, que sofre uma desumidificação adiabática num leito adsorvente de sílica gel na proporção de 200 kg/h, sabendo-se que:

Temperatura do ar à entrada:

$$t_{are} = 10°C$$

Conteúdo de umidade do ar à entrada:

$$x_e = 0{,}006 \text{ kg/kg ar seco } (\varphi = 80\%)$$

Temperatura do leito de sílica gel à entrada:

$$t_{se} = 80°C$$

Concentração do leito de sílica gel à entrada:

$$Xe = 0{,}05 \text{ kg de vapor/kg sílica gel seca}$$

Observação: Sílica gel recuperada por uma corrente de ar a 130°C e 0,017 kg de vapor/kg ar seco.

Face aos dados iniciais, podemos locar no diagrama entalpia–concentração a linha de repartição correspondente às condições $Hare$ x_e, Hse X_e.

Por sua vez, as isotermas de equilíbrio correspondentes às temperaturas de 30°C, 40°C, 50°C e 60°C podem ser traçadas com o auxílio da equação 8.18 deste capítulo, onde os valores de p_s e p_v foram obtidos das equações 2.2 e 2.16 do Capítulo 2.

t °C	x_e kg/kg ar seco	Xe kg/kg sílica seca	t °C	x_e kg/kg ar seco	Xe kg/kg sílica seca
30	0,00176	0,04	50	0,00640	0,04
	0,00132	0,03		0,00480	0,03
	0,00088	0,02		0,00320	0,02
	0,00044	0,01		0,00160	0,01

t °C	$x_{e\ kg/kg\ ar\ seco}$	$Xe_{kg/kg\ sílica\ seca}$	t °C	$x_{e\ kg/kg\ ar\ seco}$	$Xe_{kg/kg\ sílica\ seca}$
40	0,00345	0,04	60	0,01352	0,05
	0,00260	0,03		0,01082	0,04
	0,00172	0,02		0,00812	0,03
	0,00086	0,01		0,00542	0,02

Uma interpolação entre as isotermas nos permite determinar a temperatura do ponto $H\ X$, que é de 32,5°C.

Finalmente, as condições de equilíbrio ar-sílica gel para esta temperatura (condições de saída) podem ser determinadas, traçando-se para a proporção 8:2 e as condições $tars$ = 32,5°C e t_{ss} = 32,5°C, a linha de repartição correspondente que passa por $H\ X$.

Os valores assim determinados, de acordo com o diagrama anexo, são:

$x_s = 0{,}00275$ kg/kg ar seco ($\varphi = 10\%$)

$Xs = 0{,}063$ kg/kg sílica gel seca

$Hars = 9{,}6$ kcal/kg ar seco

Na prática, a desumidificação adiabática do ar é obtida, de uma maneira contínua, por meio de leitos adsorventes rotativos, como o da Figura 8.11.

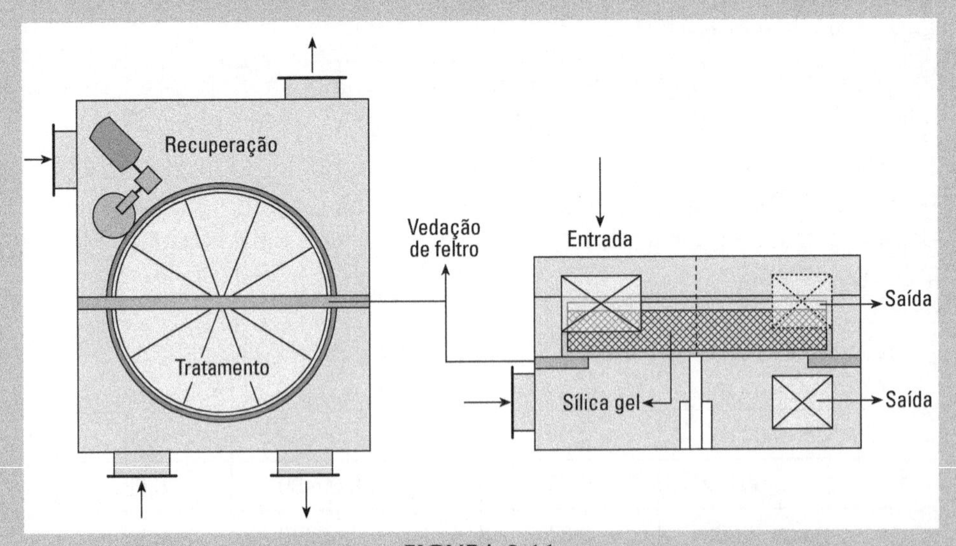

FIGURA 8.11

REFERÊNCIAS BIBLIOGRÁFICAS

1 - COSTA, ENNIO CRUZ DA – *Termodinâmica volume I*, Globo, Porto Alegre, 1971.

2 - COSTA, ENNIO CRUZ DA – *Transmissão de calor*, Emma, Porto Alegre, 1967.

3 - COSTA, ENNIO CRUZ DA – *Mecânica dos fluidos*, Globo, Porto Alegre, 1973.

4 - COSTA, ENNIO CRUZ DA – *Conforto térmico*, Blücher, São Paulo, 1974.

5 - COSTA, ENNIO CRUZ DA – *Refrigeração*, Blücher, São Paulo, 1982.

6 - COSTA, ENNIO CRUZ DA – *Arquitetura ecológica*, Blücher, São Paulo, 1982.

7 - MADISON, RICHARD D. – *Fan Engineering*, Buffalo Forge Company, New York, 1949.

8 - IZARD, JULIEM – *Phisique Industrielle*, Dunod, Paris, 1953.

9 - IDEL'CIK I.E. – *Memento de pertes de charge*, Eyroles, Paris, 1969.

10 - AMERICAN SOCIETY OF HEATING REFRIGERATIND AND AIR CONDITIONING ENGINEERS – Ashrae guide and data book, New York, 1968.

11 - PERRY, R.H. & CHILTON C.H. – *Manual de Engenharia Química*, Koogan, Guanabara, 1980.

12 - BROWN, G.G. *et al.* – *Unit Operation*, John Wiley, New York, 1966.

O ábaco pode ser visualizado em tamanho ampliado
no site da editora: http://livro.link/secagem

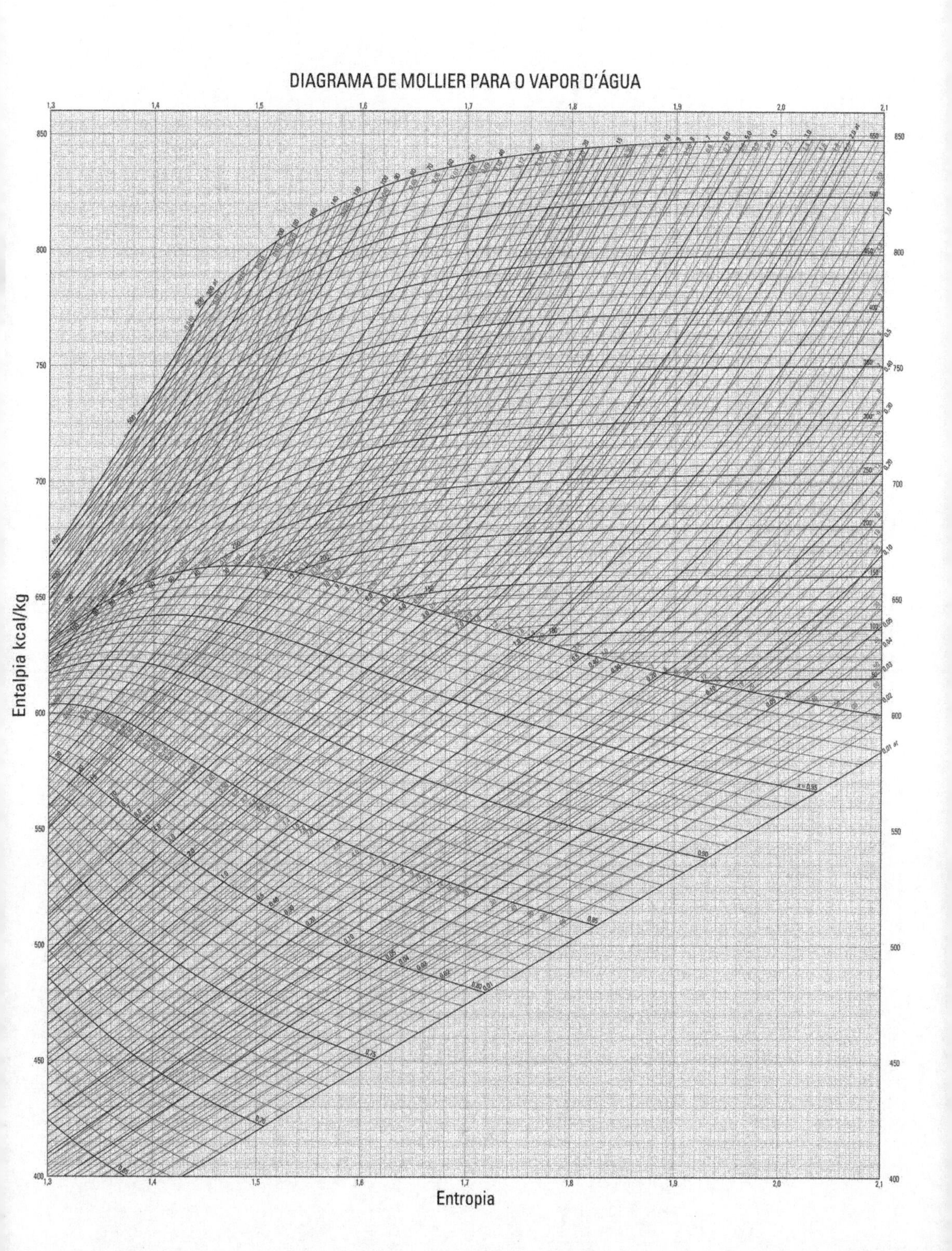
DIAGRAMA DE MOLLIER PARA O VAPOR D'ÁGUA
Entalpia kcal/kg
Entropia
1,3
1,4
1,5
1,6
1,7
1,8
1,9
2,0
2,1
400
450
500
550
600
650
700
750
800
850